KB134398

수제 맥주 바이블

• 맥주의 역사부터 홈브루잉까지 •

전영우 지음

수제 맥주 바이블

• 맥주의 역사부터 홈브루잉까지 •

전영우 지음

노란잠수함

CONTENTS

PART 01 · 맥주의 역사

PART 02. 맥주가 바꾼 세상

PART 03. 맥주의 스타일과 종류

집에서 수제 맥주 만들기

맥주를 읽다

맥주 애호가가 늘고 맥주의 위상이 높아졌다. 가볍게 마시는 폭탄주 제조용 술 정도의 평범한 술로 치부되던 맥주가 어느새 세련된 취향을 반영하는 술로 자리매김했다. 수제 맥주 펍Pub이 늘고 다양한 수제 맥주를 마시기 위해 펍을 순례하는 이른바 펍 크롤링Pub Crawling 문화도 생겨났다.

맥주의 위상 변화는 드라마에서도 읽을 수 있었다. 고종황제 시절이 배경인 드라마《미스터 션샤인》에서 미군 장교 유진초이는 생명의 은인인 조선 도자기공에게 맥주를 권한다. 와인이 아니고 '맥주'다. 달라진 맥주의 위상을 보여주는 상징적 장면이다.

드라마에서 도자기공에게 권한 술이 와인이나 위스키가 아니라 맥주라는 것은 또 다른 측면에서 의미심장하다. 원래 맥주는 그 기원과 성격에서 막걸리와 매우 비슷한 술이다. 둘 다 곡주이고 노동할 때 피로를 덜고 에너지를 보충하는 의미를 가진 노동자의 술이며, 농부들이 마시던 농주이기도 하다. 그러니 검은 머리 미국인이 조선의 도공에게 권한 술은 와인보다는 맥주여야 제격이긴 하다.

노동자의 술인 맥주가 조선에 들어와서 귀한 술 '양주'가 된 것처럼, 맥주의 위상과 이미지는 시대에 따라 지속적으로 변했다. 20세기 초 조선에서 맥주는 세련되고 진보된 서구 문화의 상징으로 받아들여졌다. 막걸리와 뿌리가 같은 노동주지만 맥주는 우리 전통 술과는 확실히 다른 술이기에 서구 문화의 상징 중 하나로 받아들여졌다. 그렇기에 근대를 지나며 모던보이, 모던걸들이 개화된 취향을 나타내는 상징으로 막걸리보다 맥주를 선호한 것은 당연한 일이다.

우리 조상들이 마신 첫 맥주가 무엇이었는지 정확하게 확인하기는 어려우나*, 개항의 계기가 일본이었던 탓에 초창기 조선에 들어온 최초의 맥주는 일본 삿포로 맥주였을 가능성이 높다. 삿포로 맥주는 1869년 일본에서 최초로 맥주를 만든 회사다. 맥주가 처음 조선에 들어온 이후, 일제강점

- 우리나라에도 맥주를 만든 전통이 없었던 것은 아니지만, 유럽 맥주와는 차이가 있다. 보리로 만든 술을 맥주로 규정한다면 조선왕조실록에 보리를 사용한 술에 대한 기록이 있으니 우리 조상들도 맥주를 마셨던 것은 맞다. 그러나 보리 몰트를 사용하는 유럽의 맥주 양조와는 달리 동양의 맥주 양조는 몰트를 사용하지 않았고, 곡물도 보리보다는 쌀로 술을 빚는 것이 일반적이어서 유럽의 맥주와는 차이가 있다. 유럽에서 보리로 맥주를 빚은 것은 그 지역에 보리가 흔한 곡물이기도 했고, 밀이나 귀리 같은 다른 곡물보다 보리가 더 술을 빚는데 적합했기 때문이다. 반면 동양에서는 쌀이 흔한 작물이었기에 쌀을 이용해 술을 빚는 것이 보편적이었다.

기 시절인 1933년 일본의 대일본맥주와 기린맥주가 각각 조선맥주와 소화기린맥주를 영등포에 설립해 맥주를 생산했다. 해방이 되고 1951년에 두 맥주 회사는 민간에 불하되어 동양맥주(현 오비맥주)와 조선맥주(현 하이트맥주)로 이름을 변경하고 지금까지 맥주를 생산하고 있다.

맥주가 원래 갖는 노동주로서의 기능과 이미지와는 달리, 조선에 수입된 맥주는 비교적 최근까지 일반 서민들에게는 매우 먼 술이었다. 1970년대까지 여전히 맥주는 막걸리나 소주에 비해 훨씬 비싼 술이었고 맥주의 시장점유율도 따라서 미미했다.

산업과 경제가 급격하게 발전하고 생활 수준이 높아지기 시작한 1970~1980년대에 들어와서 맥주가 일반 대중에게 가까이 다가가게 된다. 특히 생맥주는 1970년대 이

수제 맥주 바이블

후 청바지와 더불어 젊음을 상징하는 표상이 됐다. 1980년대 초반 동양맥주에서 OB베어스라는 브랜드로 생맥주 체인점을 시작하면서 생맥주의 판매량이 늘어나기 시작했다. 1970~1980년대에 청춘을 보낸 사람이라면 호프집*이라 불린 생맥주집에서 500cc 생맥주잔을 들었던 경험이 있을 것이고, 행사 뒷풀이 자리는 의례히 생맥주집으로 갔던 기억이 있을 것이다.

1980년대와 1990년대 맥주는 서민들의 일상을 파고든 음료가 됐으나, 여전히 소주나 막걸리가 가진 서민적 이미지와는 거리가 있었다. 생활 수준이 높아지며 와인이 중산층을 중심으로 새롭게 부상했고, 맥주는 이도저도 아닌 어정쩡한 음료가 됐다. 더 이상 젊은 문화의 표상으로서 이미지를 유지하지도 못했고, 그저 일상적이고 보편적이고 가벼운 술로 자리 잡았다. 특히 폭탄주 문화가 사회 전반에 퍼지면서 맥주는 폭탄주 제조용 술로 전락했다. 한국 맥주는 북한의 대동강 맥주보다 맛없다는 혹평이 영국 매체 〈이코노

• 생맥주집을 통칭하는 호프집이라는 명칭은 얼핏 맥주에 사용하는 홉Hop을 의미하는 것처럼 생각하기 쉽다. 생맥주집이 호프집이라 불리게 된 유래에 대해서는 여러 설이 분분한데, 일반적으로 1980년대 중반 동양맥주의 생맥주집 명칭인 'OB호프'에서 시작된 것이라는 주장이 유력하다. 여기서 호프는 독일의 생맥주 판매장의 하나인 호프브로이Hofbrau에서 유래된 것으로 맥주의 원료인 홉이 아니라 독일어로 광장을 뜻하는 호프Hof였다.

미스트〉에 실리면서, 한국 맥주는 최악의 맥주라는 인식이 퍼졌다.

한국 맥주가 맛이 없다는 인식은 맞기도 하고 틀리기도 하다. 한국의 주세법상 몰트 함량이 10% 이상이면 맥주로 분류하기에 맥주 제조사에서는 몰트 함량을 낮추고, 옥수수나 쌀 등 첨가물의 비중이 높은 맥주를 주로 생산했다. 몰트 함량이 적다 보니 아무래도 보리 몰트 특유의 풍미가 약한 밍밍한 맥주가 됐다. 그러나 이것은 한국 맥주만의 특징은 아니다. 옥수수와 같은 부가물은 미국 맥주도 많이 사용하고, 최근 몰트 함량을 높인 국산 맥주도 많기에 무조건 한국 맥주가 맛없다고 할 수는 없다. 강하지 않으면서도 시원한 한국 맥주 특유의 맛을 선호하는 사람도 많다.

한동안 끊임없이 추락하던 맥주의 전반적 위상은 다양한 외국 맥주가 수입되고 편의점에서 '4캔에 1만 원' 행사가 자리 잡으며 새롭게 조명받게 됐다. 밍밍한 한국 맥주가 맥주의 이미지를 그저 그런 폭탄주 제조용으로 고착화시켰다면, 수입 맥주가 다양한 맛과 저렴한 가격으로 대중들에게 다가가면서 맥주의 위상을 재평가하는 계기가 됐다. 더불어 국산 맥주들도 100% 몰트 맥주나 에일 맥주 등의 개선책을 내놓고 있고, 개성 강한 소규모 브루어리의 수제 맥주가 인기를 얻으며 맥주는 와인 못지않은 인기를 누리고 있다. 맥주에 대한 관심이 높아지고 맥주를 즐기는 인구가 늘어나면서 맥주와 관련된 정보를 알고자 하는 욕구도 높아지고 있다.

맥주와 관련한 정보를 알고 마신다고 해서 맥주가 더 맛있어지는 것은 아니다. 기호품인 맥주는 개인 성향에 따라 선호도가 극명하게 갈린다. 그리고 사실 맥주 맛을 정확하게 구별하기란 쉽지 않은 일이기도 하다. 유명 소믈리에들을 대상으로 실험을 진행한 결과, 대부분의 소믈리에들이 고급 와인 병에 담긴 싸구려 와인과 싸구려 병에 담긴 고급 와인을 제대로 구별해내지 못했다는 실험 결과도 있다. 어느 TV 방송에서 커피 동호회 회원들을 대상으로 커피 맛 블라인드 테스트를 해본 결과, 대부분 1000원짜리 편의점 커피를 최고로 꼽았다. 이처럼 기호품에 대한 평가는 지극히 주관적이고 이미지와 인식이 맛을 지배하는 경향이 있다. 맥주도 마찬가지여서 블라인드 테스트를 하면 여러 종류의 맥주를 제대로 구별해내기란 거의 불가능하다. 다만 맥주에 대해 배경지식을 가지고 있으면 자신에게 가장 잘 맞는 맥주를 선택하기 용이하고, 때로는 술자리에서 맥주에 대한 지식을 풀어놓으며 흥을 돋을 수 있다. 이왕이면 맥주에 대해 알고 마신다면 한층 더 맥주를 즐길 수 있다.

맥주를 알아간다는 것

"사랑하면 알게 되고 알게 되면 보이나니 그때 보이는 것은 전과 같지 않으리라."

유홍준의 《나의 문화유산 답사기》 1권 머리말에 나오는 구절이다. 유홍준은 조선 정조시대의 문인 유한준의 문장에서 위 구절을 따왔는데, 곱씹어볼수록 뜻이 깊은 문장이다.

"그림을 안다는 것은 화법은 물론이요 눈에 잘 드러나지 않는 오묘한 이치와 정신까지 알아보는 것을 말한다. 그러므로 그림의 묘미는 잘 안다는 데 있으며 알게 되면 참으로 사랑하게 되고, 사랑하게 되면 참되게 보게 되고, 볼 줄 알게 되면 모으게 되나니 그때 수장한 것은 한갓 쌓아두는 것과는 다른 것이다. 知則爲眞愛 愛則爲眞看 看則畜之而非徒畜也" 미술 수집가인 석농 김광국의 화첩 《석농화원》의 발문으로 유한준이 쓴 문장인데, 미술 수집에 대한 안목에 대해 말하고 있다.

유한준이 이 문장을 썼을 때 맥주를 생각했을 리 만무하지만, 사랑하게 되면 알게 되고 알게 되면 예전 같지 않게 눈에 보이는 것 이면의 오묘함까지 보이게 된다는 것이니, 그 사랑의 대상이 그림이 아니라 맥주라 해도 딱 맞아 떨어지는 말이다. 맥주를 사랑하게 되면 맥주에 대해 알고 싶어지고, 알고 난 후에 마시는 맥주는 확실히 예전과 같지 않다. 그러니 맥주를 사랑하는 사람이라면 당연히 맥주에 대해 더 알고자 하고, 더 알게 되면 될 수록 맥주를 새롭게 대하게 되는 것이 당연한 일 아니겠는가!

맥주를 단순히 시원하게 마시는 순한 알코올 음료 정도로 생각한다면 그저 흔하고 평범한 음료로 치부할 수 있겠지만, 맥주를 사랑하고 알아가면 맥주는 그렇게 단순한 음료가 아니라는 사실을 알게 된다. 맥주를 알아가는 과정은 궁극적으로 인류 역사를 거슬러올라가고 인류 문화와 우리 자신에 대해 통찰하는 과정이다. 인류가 단순히 유전자 복제를 위한 번식 기계에서 문화를 갖고 삶을 가진 존재로 진화한 배경에 맥주가 있었다. 그러니 맥주를 알고 즐긴다는 것은 곧 우리 문명과 문화를 이해하고 우리 삶의 의미를 되새기는 것이며, 인간 본성을 이해하는 과정이다. 고작 맥주 따위를 인류 문명의 기원에 결부시키는 것이 엉뚱하다 생각할 수 있겠으나, 맥주에 대해 알아가다 보면 결코 과장이 아니라는 사실을 알게 될 것이다.

최근 수제 맥주의 인기에 힘입어 맥주에 관한 관심은 어느 때보다 높아졌다. 우후죽순으로 생겨나는 수제 맥주 펍을 보면 그 인기가 가히 열풍이라 해도 과언이 아니다. 인기가 높아지니 맥주를 알고자 하는 열망도 높아졌다. 사실 맥주는 그동안 저평가된 알코올 음료다. 대동강맥주보다 맛없다는 혹평을 받은 한국 맥주에 대한 나쁜 인식 때문에 그렇게 평가된 이유도 있겠지만, 일반적으로 와인에 비해 맥주의 위상이 떨어져보이는 것은 우리나라만의 현상은 아니다.

술의 종류는 크게 두 가지로 분류할 수 있는데, 과일주와 곡주 두 가지다. 과일주는 영어에서 와인Wine이라 통칭하고, 곡주는 비어Beer로 통칭한다. 즉 포도나 딸기와 같은 과일로 만든 술은 모두 '와인'이라 칭하고, 보리나 밀 등 곡식으로 만든 술은 '비어'로 통칭한다. 비어를 맥주로 번역하면 보리로 만든 술만이 맥주라고 착각하기 쉬운데, 사실 비어는 곡물을 발효시켜 만든 모든 술을 통칭하는 용어다. 막걸리는 쌀을 발효시켜 만든 곡주이므로 비어에 속한다. 막걸리를 영어로 라이스 와인이라 번역하는데, 이는 잘못된 번역이다. 정확하게는 라이스 비어°라고 해야 맞다. 막걸리는 재료로 보나 술의 성격으로 볼 때 와인보다는 비어로 칭해야 적절하다.

와인은 어딘지 모르게 고급스럽고 세련된 취향을 가진 사람이 즐기는 우아한 음료의 이미지를 가진 반면, 맥주는 조금은 거칠고 주머니 사정이 여의치 않은 사람들이 마시는, 다소 소란스럽고 소탈한 서민 이미지의 음료다. 이런 이미지

● 막걸리가 곡주인 것은 맞지만, 몰트를 만들어 곡주를 만드는 서양의 방식과 차이가 있는 양조법이라 비어로 분류하지 않고 하나의 독립된 술 종류로 보기도 한다. 서양 학자들은 동양의 술을 일본어인 '사케'로 통칭해서 분류하기도 한다. 어쨌든 막걸리에 과일주를 의미하는 와인을 붙여서 번역하는 것은 잘못된 의미를 전달하므로 적절치 않다.

를 갖게 된 것은 전통적으로 맥주를 주로 마신 지역이 춥고 음산한 기후와 문화적으로 비교적 뒤늦게 발전한 북유럽 국가들이고, 밝고 따뜻한 기후와 그리스-로마 문명이 일찍이 발달한 남부 유럽에서는 주로 와인을 마셨던 것에 기인한다.

현대 유럽 국가들은 와인을 마시는 국가들과 맥주를 마시는 국가로 나뉘는데, 영국과 독일을 포함한 북부 지역은 맥주를 마시는 국가들로 비어벨트Beer Belt라 칭해진다. 반면 프랑스를 비롯한 남유럽의 국가들, 즉 이탈리아 스페인 등은 주로 와인을 선호하는 국가들로 와인벨트Wine Belt라 불린다. 기온이 따뜻하고 건조한 남부 유럽 지역은 포도 재배에 유리해서 자연스럽게 와인을 더 많이 만들고 마시게 됐을 것이다. 반면 북유럽은 추운 기후 탓으로 주로 곡물로 맥주를 만들어 마시다 보니 와인보다 맥주를 즐기는 문화가 됐다.

이렇듯 기후에 따라 마시는 술의 종류가 달라지게 됐는데, 따뜻한 남부에 위치한 로마가 유럽을 제패한 후 로마의 문화가 자연스럽게 상류층 문화로 자리 잡았고, 따라서 와인도 상류층이 즐기는 세련된 이미지를 갖게 됐다. 반면 상대적으로 열악한 기후 환경에서 거칠게 생활해 온 북유럽 사람들이 주로 마시던 맥주는 와인에 비해 저렴한 이미지를 형성하게 됐다. 맥주와 와인에 관해 형성된 이미지와 고정관념은 지금까지도 이어져 내려와서, 아직도 많은 사람들은 맥주보다 와인을 더 세련된 취향의 고급 술이라 생각하는 경향이 있다.

최근들어 빠른 속도로 증가하는 수제 맥주 펍과 맥주 양조장은 기존 맥주의 이미지를 확연히 바꾸어놓고 있다. 이제 수제 맥주는 핫한 트렌드이고 맥주는 힙한 문화가 됐다.

수제 맥주 펍에 들어서면 다양한 맥주가 눈을 사로잡는다. 난생 처음 보는 생소한 맥주도 많다. 셀 수 없이 많은 맥주 리스트에서 어떤 맥주를 선택해야 할지, 수제 맥주에 익숙한 사람이 아니라면 어리둥절해진다. 다양한 스타일의 수제 맥주 중에서 자신의 취향에 맞는 맥주가 무엇인지 처음부터 잘 알기란 불가능하다. 시행착오를 겪을 수밖에 없다. 직접 다양한 종류를 마셔봐야 자신에게 맞는 맥주를 알 수 있지만, 최소한 수제 맥주 라벨에 붙어있는 용어가 무엇을 뜻하는지 정확하게 알고 있다면 선택에 큰 도움이 될 것이다.

다시 말하지만 맥주를 즐기는데 반드시 배경지식과 정보

를 필수적으로 알고 있을 필요는 없다. 하지만 유홍준이 적절히 인용했듯 사랑하면 알게 되고, 알게 되면 새로운 것이 보이고, 보다 더 깊이 맥주를 즐길 수 있다. 그런 의미에서 맥주의 역사와 우리 문화와의 관계를 알고 마신다면 맛있는 맥주를 더욱 즐기게 될 것이다.

맥주를 즐기고 사랑하게 되면 맥주를 직접 양조해서 마시고 싶은 욕구가 생긴다. 맥주를 직접 양조한다는 것은 곧 맥주 덕후의 길로 들어섰다는 말이다. 맥주를 직접 만드는 것은 의외로 어려운 일이 아니고, 최소한의 도구만 갖춰도 가능하다. 의지만 있다면 누구나 직접 맥주를 양조해서 자신만의 맛있는 수제 맥주를 집에서 즐길 수 있다.

이 책을 다 읽고 덮었을 때, 맥주의 역사와 맥주가 우리 문명에 미친 영향을 이해하고, 수제 맥주의 다양한 스타일을 이해하고, 더불어 누구나 직접 맥주를 만들어 마실 수 있도록 관련 정보를 정리해 수록했다. 사랑하고, 알게 되고, 새롭게 보게 됐다면, 궁극적으로 정말 새로운 나만의 맥주를 만들어 마실 수 있는 실질적 지침서가 될 것이다.

2019년 이른 여름
인천 신포동 한적한 펍에서
전영우

PART 01
맥주의 역사

첫 음주 / 섹스, 종교, 예술과 술 / 맥주의 탄생 /
최초의 맥주 양조법 / 중세 유럽의 맥주 / 홉의
사용 / 새로운 잡종 효모와 라거 맥주의 출
현 / 맥주순수령 / 맥주 산업의 발달 /
18~19세기 맥주 / IPA의 탄생 / 라거
의 득세 / 크래프트 비어의 등장과
발전

인류는 언제부터 술을 마시기 시작했을까? 주당이라면 한 번쯤 품어봤을 의문이다. 인류가 술을 마시기 시작한 것은 의심할 여지없이 아주 까마득한 옛날부터다. 드라마틱하게 표현하자면 인류의 조상은 태초부터 술을 마시기 시작했다. 대략 40억 년 전, 태초의 지구에 생겨난 최초의 단세포 생명체는 아마도 걸쭉한 단당질 액체로 덮인 지구 표면에서 당을 섭취하고 에탄올 즉 알코올과 이산화탄소를 배출했을 것이다. 그러니 태초부터 알코올 음료가 존재했음은 거의 틀림없는 사실이고, 따라서 지구의 생명체는 알코올과 함께 진화했다고 보는 것이 타당하다. 그런 의미에서 우리는 태초부터 알코올을 마셨다고 해도 과장은 아니다.

태초에 알코올을 생산했을 효모는 오늘날 맥주를 발효시키는 사카로미세스 세레비지에Saccharomyces Cerevisiae와 사카로미세스 파스토리아누스Saccharomyces Pastorianus 효모로 진화하여 열심히 알코올 음료를 만들고 있다. 알코올은 이들 효모가 단당을 분해할 때 생성하는 것이니, 알코올의 존재는 곧 효모의 먹이이자 동물들의 에너지원인 당분의 존재를 의미한다. 우리가 본능적으로 단 것을 좋아하고 알코올에 빠지게 된 것은 따라서 전적으로 유전적인 본능에 의한 것이다. 알코올 있는 곳에 에너지원인 당분이 있기에 자연스레 알코올에 끌리는 것이다. 그러니 주당들은 너무 죄책감을 가질 필요 없다. 우리가 술을 좋아하는 것은 생존 본능의 일종이니까.

먹을 것이 풍부하지 않았던 옛날, 당분이 풍부한 과일은 매우 효율적인 영양 공급원이었다. 그러나 과일은 항상 먹을 수 있을 만큼 흔하지 않았고, 오래 보존되지도 않는다. 따라서 우리 조상들은 과일을 발견하면 무조건 먹을 수 있는 만큼 최대한 많이 먹는 것이 당연한 본능이었다. 그런 본능이 아직도 우리 DNA에 남아있기에 음식이 풍부한 지금도 우리는 과다하게 당을 섭취하고 비만이 된다. 우리 조상들은 일시에 과도하게 당을 섭취했어도 평소 운동량이 많았고 절대적인 식량의 양이 풍족하지 않았기에 비만과 이에 따른 각종 질병을 걱정할 일은 거의 없었다. 운동량이 절대적으로 부족한 현대 인류가 지나치게 본능에 충실해서 필요 이상의 영양분을 과하게 섭취하면 문제가 발생할 수밖에 없다. 하지만 알면서도 본능을 억제하기란 어려운 일이다. 그러니 술을 자제하지 못했다고 심한 죄책감에 시달리지는 말자. 우리는 어쩔 수 없이 본능에 충실한 한낱 인간에 불과한 존재일 뿐이다.

첫 음주

당분이 풍부한 과일, 특히 포도와 같은 과일은 오래 익으면 껍질에 자생하는 효모와 공기 중 부유하는 효모에 의해 자연발효가 된다. 우리의 조상들은 훌륭한 에너지원인 과일을 찾아다니며 먹었고, 그러다가 발효되어 알코올이 생성된 과일주를 우연히 먹어보게 됐을 것이다. 그리고는 이내 자연산 와인의 매력에 빠지게 됐다. 달콤한 향과 영양분 그리고 더불어 한껏 기분이 좋아지게 만드는 술의 매력을 피할 수 없었을 테고, 점차 와인의 신묘한 효능을 즐기기 위해 직접 술을 만들어 먹게 되었을 것이다. 별다른 과정을 거치지 않아도 자연적으로 발효되는 과일주가 인류가 처음 마신 술이었을 가능성이 높고, 차츰 과일을 적극적으로 발효시켜 마셨을 것이다.

언제 인류가 처음 술을 마시게 됐는지 정확하게 알 길은 없다. 기록이 남아있는 것도 아니고, 술을 마신 흔적이 남는 것도 아니니 정확한 연대를 가늠하기 어려우나, 구석기시대에 이미 인류는 자연 발효된 알코올을 마시기 시작했을 것으로 추정한다. 지적했듯 술을 마시는 것은 본능이다. 인간의 본능일 뿐 아니라, 다른 동물들도 마찬가지다. 야생 코끼리나 원숭이들도 발효된 과일을 먹고 취하는데, 인류가 알코올을 좋아하는 것과 마찬가지로 동물들에게도 똑같이 영양공급원이자 기분을 좋게 만드는 효과가 있기 때문이다. 즉 술을 마시는 것은 동물들에게도 똑같이 나타나는 현상이고, 이는 곧 본능적으로 타고난 것이라는 의미다. 그래서 곤충학자들은 벌레를 잡을 때 나무에 달콤한 향의 술을 발라서 벌레를 꾀어낸다. 찰스 다윈도 아프리카 개코원숭이를 잡기 위해 맥주를 이용했다. 초파리들도 알코올 냄새가 나는 곳에 알을 낳는데, 발효된 과일은 유충에게 매우 효율적인 에너지 공급원이기 때문이다. 야생의 많은 생명체들이 이렇듯 열렬하게 알코올을 따라다니니, 우리가 술을 마시게 된 것은 너무나 당연한 자연의 섭리인 것이다.

식물이 애초에 당이 풍부한 열매를 맺고, 이 열매가 발효해 달콤한 알코올 향을 풍기는 것 자체가 동물을 유인하기 위한 장치이다. 발효한 열매에서 풍기는 향은 동물들에게 당분이 풍부한 영양공급원이 있다는 사실을 알리는 것이고, 본능적으로 이 향기에 끌려서 온 동물들은 열매를 먹으며 식물이 번식하는 것을 돕는다. 결국 알코올은 번식과 생존을 위한 동식물간 공생관계의 산물이다. 그렇게 본다면 알코올은 생태계를 유지시켜주는, 신성한 물질이다.

발효된 과일에서 알코올이 생성되어 술이 되는 것은 효모의 작용에 의한 것이다. 효모가 발효하며 알코올을 생성하는 것도 사실 치열한 생존 경쟁의 산물이다. 술을 만드는 효모인 사카로미세스 세레비지에는 당을 분해하며 알코올을 생성시켜 다른 경쟁자를 제거했다. 다른 효모나 박테리아는 알코올 함량 5% 이상인 환경에서는 생존할 수 없다. 그러나 사카로미세스 세레비지에는 알코올 함량 10% 이상에서도 생존이 가능하다. 즉 당을 섭취하는 다른 경쟁자를 효율적으로 제거하기 위해 알코올을 생성한 것이다.

효모가 경쟁자를 제거하기 위해 생산한 알코올이 갖는 살균 기능은 인간에게도 도움을 주었다. 깨끗한 물이 귀했던 시절 알코올 음료를 마시는 것은 유해한 미생물이 살균된 물을 마시는 것이니, 알코올을 마신다는 것은 곧 그 자체로 위생을 도모한 것이다. 인간의 몸은 2/3가 물이고, 하루 평균 2리터의 물을 마셔야 한다. 정화시설이 없던 과거에는 안전하게 수분을 보충하는 방법으로 알코올 음료를 마시는 것이 최선이었다. 알코올은 정화되지 않은 물에 들어 있는 세균과 기생충 등 병원균을 소독해주기에 알코올을 마시는 사람은 소독하지 않은 물을 그냥 마시는 사람보다 더 건강할 확률이 높았다.

결국 술을 마신다는 것은 효과적인 에너지원을 확보하려는 본능에 기인한 것이며 더불어 건강과 위생이라는 효과까지 있는 것이니 우리는 운명적으로 술을 사랑할 수밖에 없는 존재다. 더구나 술을 마시고 나면 기분이 좋아지는 효과까지 덤으로 따라온다. 그러니 우리는 술을 사랑하지 않을 수 없다. 음주는 태초부터 우리 DNA에 새겨져 있는, 가장 깊숙한 의식 속에 자리 잡은 본능이다.

섹스, 종교, 예술과 술

자연발효된 술에 의존해야 했던 초창기에는 술은 늘 마실 수 있는 것이 아니라 특정한 시기에만 마실 수 있는 매우 특별한 음료였기에, 술을 마시는 행위도 특별한 의미가 있었다. 과도한 음주는 건강을 해치지만, 적절한 음주는 많은 이점이 있다. 술을 전혀 마시지 않는 사람은 적당히 마시는 사람에 비해 수명이 짧다는 것은 의학적으로 밝혀진 사실이다. 그러니 술을 마신다는 것은 예나 지금이나 특별한 일이었을 뿐 아니라, 건강과 생존을 위해서도 기회가 있을 때 실컷 마셔야 할 음료였다.

과일은 흔하게 먹을 수 있는 것이 아니고 특정 시기에만 먹을 수 있기에 야생 포도를 발견한 석기시대 조상은 아마도 가능한 많이 포도를 채취해서 동굴에 쌓아놓고 먹었을 것이다. 동굴 속 용기에 담겨져 보관된 포도는 시간이 지나면서 숙성되고 포도 껍질에 자생하는 효모에 의해 발효되어 알코올이 생성됐을 것이다. 인류는 이렇게 발효된 알코올 음료를 마시고는 자연스럽게 와인 만드는 법을 터득했을 것이고, 달콤하게 잘 익은 와인을 마시고 취해서 한껏 기분을 냈을 것이다.

술은 공기와 접촉하면 산화된다. 인류가 산화를 막는 방법을 발견한 것은 첫 음주를 시작하고 나서 한참 후의 일이기에, 초창기 와인은 빠르게 산화되어 변질됐고, 우리 조상들은 술이 변질되기 전에 실컷 마시는 것이 당연한 일이었다. 곧 폭음은 일상적인 것이었다는 의미다.

그러니 미루어 짐작컨대, 술을 처음 마시기 시작한 우리 조상은 순식간에 많은 술을 마시고 취해서 광란의 파티를 열었을 것이다. 술 취하면 하게 되는 행동은 석기시대 조상이나 현재의 우리 모습이나 비슷할 것이다. 술에 취해 춤을 추고 노래를 부르고 그리고 질펀한 섹스로 이어졌을 터이다.

석기시대 조상들은 술을 절제할 필요가 없었고 산화하기 전에 빨리 마셔버려야 했기에 아마도 엄청나게 마셨을 것이다. 따라서 잠재된 본능도 더불어 최대치로 끌어냈으리라 추측할 수 있다.

술이 인간 본성에 잠재된 창의성과 예술성을 이끌어낸다는 것은 이미 잘 알려져 있다. 프랑스 남서부 도르도뉴Dordogne의 로셀Laussel 절벽에는 '로셀의 비너스'라 칭해진 약 2만 년 전에 새겨진 조각이 있는데, 이 조각의 여인은 뿔로 된 술잔을 들고 있다. 조각이 위치한 지역이 와인 생산으로 유명한 보르도에서 멀지 않다는 사실은 술잔을 들고 있는 여인과 그녀를 조각한 예술가가 술을 마셨을 것이라는 추론이 가능하다. 풍부한 알코올에서 예술혼이 뿜어져 나온 것은 당연했을 것이다.

로셀의 비너스

독일 남부의 오래된 동굴에서는 동물의 뼈로 만든 피리가 출토됐다. 중국에서도 오래전 두루미 뼈로 악기를 만들었다. 이런 유물로 미뤄볼 때 석기시대 우리 조상들의 음주 파티에 음악이 당연히 함께했으리라는 것은 자명한 사실이다. 술은 미술적, 음악적 창의성을 자극해서 우리 조상이 원시 형태의 예술 작품을 동굴에 남기게끔 만들었을 것이다. 덕분에 우리는 그런 동굴 벽화와 유물을 통해 오래전 우리 조상들의 모습을 약간이나마 엿보고 상상력을 발휘할 수 있다.

술이 우리 조상의 창의성을 자극했다는 사실을 입증하는 직접적인 증거는 존재하지 않지만, 술이 가진 효능을 고려할 때 동굴 벽화를 남긴 예술가들이 술을 마시고 작품을 남겼다는 추론은 설득력이 높다. 현대의 많은 예술가들이 창의력의 원천으로 알코올을 꼽고 있고, 이런 사실은 우리 조상들에게도 예외 없이 적용됐을 것이다. 베토벤, 스콧 피츠제럴드와 같은 음악가, 작가, 미술가 등 여러 예술가들은 창작 과정에서 알코올의 힘을 빌린 것으로 유명하다. 팝 가수나 영화배우와 같은 대중문화 스타들도 예외 없이 알코올을 즐겼고, 그들의 예술적 영감과 창의성은 알코올과 밀접한 관계가 있었다. 과도한 음주로 인해 요절한 예술가들이 있다는 사실은 유감스러운 일이지만.

알코올이 창의성을 자극한다는 사실은 단순한 일반 상식을 넘어 과학적으로 입증된 사실이다. 미국 일리노이 대학의 심리학자들은 알코올이 창의성에 도움을 준다는 사실을 과학적으로 입증했다. 이들은 창의성을 측정할 측정 방법을 고

안해냈고, 음주를 즐기는 남성 자원자들을 모집해 보드카와 크렌베리 주스를 섞은 알코올 음료를 마시게 했다.

연구의 정확성을 기하기 위해, 모든 실험 대상자의 혈중 알코올 농도를 일정하게 맞췄다. 각자의 체중에 맞춰 계산된 양의 알코올을 30분 내에 마시도록 해서 빨리 취하도록 했다. 술을 마시고 1시간 후 혈중 알코올 농도가 최고조에 달했을 때 창의력 테스트를 실시했다. 술을 마신 집단은 평균 58%의 창의력 문제를 풀었고, 반면 술을 마시지 않은 집단은 평균 42%의 문제밖에 풀지 못했다. 술을 마셨을 때 창의력이 크게 높아진다는 사실을 과학적 실험으로 증명한 것이다. 술과 창의력의 상관관계는 사실 과학적 증명까지 필요한 일은 아니다. 술 한잔을 걸치고 나면 누구나 시인이 되고 가수가 되는 사실을 우리는 이미 모두 경험으로 알고 있으니 말이다.

알코올은 우리 조상들이 더 많은 섹스를 하도록 작용했고, 따라서 인류의 종족 번식에 중요한 역할을 했다. 술을 마시면 성욕이 높아진다. 높아진 성욕은 당연히 실질적 섹스로 이어질 가능성도 높인다. 알코올은 사람을 더욱 매력적으로 보이게 만드는 작용을 하고, 따라서 더 많은 섹스로 이어지게 만드는 효능이 있다.

원시 사회에서 알코올은 종교 의식에 기여했을 것이라는 추론도 있다. 고대 술에 관한 연구로 유명한 고고학자이자, 역사와 자연과학을 결합한 분자고고학을 개척한 패트릭 맥거번Patrick McGovern은 술이 인류 발전을 이끌어온 원동력이라고 생각하는데, 이는 알코올이 인간의 뇌에 깊은 영향을 미치기 때문이다. 맥거번에 따르면 술은 종교와 밀접한 관계가 있다.

성적 흥분을 자극하는 것 외에 술은 석기시대 주술사들에게 필수 불가결한 요소였는데, 알코올이 뇌의 잠재의식에 접근하게 해주는 수단이기 때문이다. 원시 사회의 주술사들은 술을 열심히 마시는 사람들이었는데, 술이 환각을 유도해서 주술사들이 맡은 역할을 수행하도록 도움을 주었다. 이들이 죽은 조상들과 사람들 눈에 보이지 않는 신비한 존재를 불러내는 사제의 역할을 수행하는데 있어서 알코올이 큰 도움을 주는 중요한 물질이었음은 의심할 여지가 없다.

무당들이 굿을 할 때 흔히 '신이 내렸다'고 하는 접신 과정은 다분히 환각을 동반하는 과정이라 볼 수 있는데, 알코올은 신내림과 유사한 경험을 자극한다. 따라서 과거 주술사들에게 술을 마시는 능력은 반드시 필요한 자질이었을 것이다. 이는 종교와 알코올이 불가분의 관계였음을 나타내는 것이다. 이런 알코올의 효능에 기반해 맥거번은 술의 소비가 인류의 자의식, 혁신, 예술, 종교 같은 인류의 독특한 특성을 이끌어냈다고 주장한다. 결국 인류를 인류답게 만든 특질은 알코올에 힘입었다는 말이다.

맥주의 탄생

포도처럼 당도가 높은 과일의 껍질에는 사카로미세스 세레비지에 효모가 자생하고 있어서 과일이 충분히 익으면 자연적으로 발효가 된다. 그런 과일에 비해서 단단한 껍질로 싸여있는 곡식은 상대적으로 발효시키기 까다롭다. 따라서 인류는 먼저 과일주에 취했을 것이고, 곡주는 후에 마시게 됐을 것이다.

최초의 곡주는 보리나 밀의 알갱이가 물에 불어서 자연 발효가 된 것을 인류가 발견하고 이런 곡물로 술을 빚기 시작했을 것이라 추측한다. 과일주가 별다른 작업 없이 자연 상태에서 발효가 되는 것에 비해, 곡물은 제대로 발효시키려면 추가 작업이 필요하다. 따라서 만들기가 더 어려운 곡주를 마시기 시작했다는 것은 곧 곡물 재배와 직결되고 농경 문화와 밀접한 관계가 있다. 농경의 발전은 인류가 정착해 문화를 발전시키기 시작했다는 것을 의미하고, 농사와 불가분의 관계인 맥주는 결과적으로 인류가 문명을 발달시키는 데 결정적 기여를 했다.

인류가 농사를 시작하게 된 계기에 대해서는 여러 학설이 있다. 인구과잉에 따른 부족한 식량문제를 해결하기 위해서라는 학설이 있고, 빵을 만들기 위해서라는 주장도 있다. 그리고 무엇보다도 맥주를 만들기 위해서 농경 생활을 시작했다는 학설이 있다. 위스콘신 대학교 식물학과 교수 조너선 사워Jonathan D. Sauer는 신석기시대 사람들이 빵보다는 맥주를 만들기 위해 보리를 재배하기 시작했다는 학설을 주장했다. 빵이 먼저냐 맥주가 먼저냐 하는 논의는 조너선 사워와 시카고 대학교 동양연구소의 로버트 브레이드우드Robert Braidwood간의 논쟁으로 촉발되어 여러 학자들 사이에서 활발하게 토론이 이어졌다.

농사를 시작하고 나서 정착 생활을 하고 인구가 늘어났으며 문명이 발달하게 됐다는 것은 누구나 알고 있는 사실이다. 인류가 문명을 발전시키게 된 결정적 계기인 농업의 시작이 맥주를 만들기 위해서라는 주장은 얼핏 믿기지 않을 수 있다. 그러나 인류가 농사를 짓게 된 이유는 다름 아닌 맥주를 만들기 위해서였고, 이를 뒷받침할 증거들이 속속 발견되고 있다.

우리 조상들이 얼마나 술을 즐겼는지 다시 되돌아 생각해 보면, 그리고 술을 탐닉하는 것이 본능이라는 사실을 상기해 보면, 인류가 농사를 짓기 시작한 이유가 맥주를 만들어 마시기 위해서라는 주장은 지극히 타당한 주장이다. 많은 문화권에서 빵 굽는 방법보다 맥주 만드는 법을 먼저 알게 됐다는 것은 결코 우연이 아니다. 맥주가 인간에게 중요한 음식이었기 때문이다. 고고학적 발굴이 계속되면서 맥주 양조에 관한 새로운 사실들이 계속 발견되고 있으며, 가장 최근 발견된 사실은 빵을 만들기 훨씬 이전 무려 1만 3000년 전에 맥주를 만들어 마셨다는 사실이다.

스탠퍼드 대학교의 고고학자 류리 박사의 연구팀은 이스라엘 카르멜 산의 선사시대 동굴에서 발견된 1만 3000년 전 돌절구 3개에서 맥주 양조의 증거를 발견했다. 이 돌절구들을 분석한 결과 2개는 밀과 보리 엿기름을 보관한 용기였고, 또 다른 돌절구는 곡물을 빻고 맥아를 발효시키는 용도로 사용한 것임을 밝혀냈다.

연구팀은 구석기와 신석기 사이에 살았던 이들 나투프인들이 야생 보리와 밀을 물에 넣어 발아시킨 뒤 말리고 나서

이를 짓이겨 끓인 뒤 공기 중의 야생 효모로 발효시켜 맥주를 만들었을 것이라 추정했다. 이는 현대의 맥주 제조 과정과 기본적으로 동일하다. 연구팀은 고대의 방법으로 실험실에서 맥주를 제조해보았고, 동굴의 돌절구에서 발견된 것과 비슷한 녹말 알갱이가 생기는 것을 확인했다. 곧 최초의 맥주 양조가 지금까지 알려진 것보다 훨씬 이전에 이뤄졌다는 사실이 밝혀진 것이다.

이 발견은 인류가 농사를 짓기 훨씬 이전에 이미 맥주를 양조하고 있었다는 것을 의미한다. 이는 곧 인류가 농경 생활을 시작하게 된 것은 맥주를 만들기 위해서라는 주장을 뒷받침하는 것이다. 맥주를 만들기 위해 농경 생활을 시작했다는 주장은 고고학계에서 이미 60년 이상 제기되어온 학설이고, 빵이 먼저인지 맥주가 먼저인지는 오랜 시간 논쟁거리였는데, 이제 결론이 난 셈이다. 사실 고작 빵을 만들기 위해 고된 농사일을 시작한 것보다는 즐겁게 맥주를 마시기 위해 농사일을 시작했다는 학설이 훨씬 더 설득력 있는 학설이다.

유발 하라리는 자신의 책《사피엔스》에서 인류가 농경 문화를 시작한 것을 역사상 최대의 사기극이라고 지적했다. 수렵 생활을 하던 석기시대 인류는 노동 시간이 훨씬 적었고 더 풍요롭게 살았는데, 농경 생활을 시작하면서 과도한 노동에 시달리게 됐다는 말이다. 수렵 채집 생활은 사냥감만 풍부하다면 농경 생활에 비해 더 여유로운 생활임에 틀림없다. 사냥감과 채집물이 줄어들면 계속 이동했기에 정착 생활을 하지 못한 대신에 더 자유롭고 여유로운 생활을 했다. 수렵 채집 기간 동안 인류는 이동을 계속하며 전 세계로 퍼져나 갔다. 이런 인류의 수렵 채집 생활 양식은 대략 1만 년 전에 농사를 시작하면서 바뀌기 시작했다.

인류가 농사를 처음 시작한 것은 기원전 9500년경 메소포타미아 지방에서였다. 농업은 한 곳에서 시작되어 퍼져나 갔다기 보다는 여러 지역에서 독자적으로 발생한 것으로 보인다. 농사를 시작하면서 인류는 해 뜰 때부터 질 때까지 밭을 고르고 씨를 뿌리고 작물에 물을 대고 잡초를 뽑는 고된 농사꾼 생활을 시작했다. 농사를 짓는 일은 수렵 채집 일보다 훨씬 더 복잡하고 힘든 일이다. 수렵채집인들은 농부들에 비해 훨씬 더 여유로운 시간을 보냈고, 기아와 질병의 위험도 더 적었다. 반면 정착해서 군락을 이루고 생활하는 농부들은 밀집된 집단생활의 결과로 전염병에 취약했고 다양한 문제에 시달리게 됐다.

농사를 시작하며 인류가 먹을 수 있는 식량의 총량이 증가한 것은 사실이지만 그렇다고 삶의 질이 높아진 것은 아니었다. 농부들은 수렵채집인보다 더 열심히 일했지만 더 열악한 식사를 했다. 더 많은 식량을 생산하게 된 것은 맞지만 농사를 짓기 위해서는 더 많은 노동력이 필요했기에, 자연스레 더 많은 자녀를 갖게 됐고 인구의 증가로 이어졌다. 인구가 늘어나면서 더 많은 식량이 필요해진 것은 당연한 결과다. 따라서 노동 시간은 더 길어졌다. 그러나 늘어난 노동 시간에도 불구하고 식사의 질은 오히려 더 열악해지는 악순환이 시작됐다.

인간의 신체 조건은 애초에 수렵 채집에 적합하게 진화했지, 농사에 맞게 진화한 것이 아니다. 농사를 짓기 시작하며 인류는 디스크 탈출증, 관절염, 탈장 등 수많은 질병에 시달리게 됐다. 적성에 맞지 않는 농경 생활은 이렇듯 인류가 큰 대가를 치르게 만들었다. 식사는 열악해졌고, 여유 시간은 없어졌고, 없던 질병에 시달리게 됐다. 그런 이유로 하라리는 농업 혁명을 역사상 최대의 사기극이라고 단언했다.

그렇다면 여기서 드는 의문은 도대체 왜 인류는 왜 수렵 채집 생활을 버리고 더 고되고 힘든 농사를 짓기 시작했을까 하는 의문이다. 하라리가 지적했듯, 농사는 더 나은 식사를 보장해준 것도 아니고 생활의 여유를 가져온 것도 아니다. 곡류를 위주로 하는 식단은 미네랄과 비타민이 부족하고 소화시키기 어렵고 치아에도 좋지 않다. 수렵채집인들은 수십 종의 다양한 먹거리에 의존해서 살았기에 더 건강했고 여유로운 생활을 했다. 그렇다면 도대체 왜 인류는 수렵 채집에 비해 더 나을 것이 전혀 없어 보이는 농경 생활을 시작하게 된 것일까? 명백한 사실은 더 나은 식사를 위해서 수렵 채집을 포기한 것은 아니라는 사실이다.

논리적인 답변은 '맥주를 만들기 위해서'이다. 발굴된 유물에서 입증됐듯, 농경 생활이 시작되기 훨씬 이전부터 인류는 맥주를 만들어 마셨다. 처음에는 야생 곡물을 발효시켜 맥주를 만들어 마셨는데, 차츰 안정적으로 맥주를 만들기 위해 농사를 짓기 시작했다.

와인, 즉 과실주는 만들 수 있는 시기가 매우 제한되어 있다. 과일 열매는 잠깐 동안만 채취할 수 있으며 부패가 빨리 진행되기에 보존할 수 없다. 따라서 와인을 마실 수 있는 시기는 지극히 제한적이다. 반면 곡물은 비교적 오랜 기간 동안 저장할 수 있다. 따라서 곡주, 즉 비어는 와인에 비해 양조할 수 있는 기간이 더 유연하고 길다. 처음 야생 곡물로 맥주를 양조해서 마시던 인류는 보다 더 효율적으로 맥주를 만들어 마시기 위해 곡물을 인위적으로 재배하기 시작했다.

재배해서 추수한 곡식은 단단한 껍질로 싸여있기에 과일처럼 쉽게 부패하지 않으며 오랜 시간 저장이 가능하다. 밀과 보리 같은 곡물은 보관이 용이하므로 와인에 비해 맥주를 만들 수 있는 기간이 훨씬 더 길다. 곧 인류는 농사를 시작하고 나서 더 오랜 기간 동안 맥주를 마실 수 있게 됐다.

농사가 더 나은 식사를 보장해준 것은 아니라는 사실이 확실하고, 따라서 먹거리를 위해 농경 생활을 시작했을 이유는 없지만, 맛있는 맥주를 더 많이 더 오랜 기간 동안 마시기 위해 농사를 짓기 시작했다는 것은 충분히 타당한 주장이다.

처음 발효 음료를 맛보고 취했던 우리 조상들이 곧 이 음료의 매력에 빠져 다양한 용도에 발효 음료를 사용하고 즐겼던 것을 고려한다면, 발효 음료를 더 많이 언제고 마시고 싶은 욕망을 가지게 된 것은 자연스러운 결과다. 밀과 보리 같은 곡물은 과일과 달리 오랫동안 저장이 가능해 원하는 때에 맥주를 만들 수 있다는 사실을 알게 되면서, 자연스럽게 곡물 재배를 시작한 것은 지극히 당연한 수순이다. 농경 생활을 시작하게 된 것은 곧 맥주를 만들기 위해서였다.

인류가 농경 생활을 시작하고 난 이후에 일어난 일들은 잘 알려져 있다. 정착해서 촌락을 이루고, 인구가 늘어났고, 잉여 인력인 지배 계급이 생겨났으며, 도시와 국가를 이루게 됐고, 문명을 발전시키게 됐다. 이 모든 것의 시발점은 인류가 맥주를 만들어 마시기 위해 시작한 농사에서 비롯된 것이다. 지금의 인류를 인류답게 만든 문명의 시발점은 맥주고, 맥주는 인류 문명을 만들어낸 가장 원초적인 동력이었다.

맥주가 농업 혁명을 일으켜서 지금의 인류를 있게 만들었다는 사실에 대해 여전히 고개를 갸우뚱할 수 있다. 고대 이집트의 속담에 이런 말이 있다. "완벽하게 만족한 사람은 입에 맥주가 가득 차 있는 사람이다." 인류가 고된 농사일을 기꺼이 감수할 수 있었던 것은 맥주가 주는 완벽한 만족감을 누리기 위해서였다는 사실에는 의심의 여지가 없다.

최초의 맥주 양조법

인류가 술을 만들어 마신 것은 문헌에 기록된 역사보다 훨씬 오래 전이었고, 따라서 최초의 술이 언제쯤 만들어졌는지 알기 위해서는 유물의 발굴에 의존할 수밖에 없다. 메소포타미아 지방에서 최초의 술이 만들어졌다는 것이 기존 유물 발굴을 통해 알려진 정설이었다. 서양 문명의 발상지인 메소포타미아 지역은 과거부터 발굴이 활발하게 이뤄진 지역이다. 따라서 많은 유물이 출토되고 술에 관한 증거도 풍부히 발견됐다.

동양에서는 고고학적 발굴이 서양에 비해 늦게 시작됐고, 범위나 깊이도 부족했다. 그러나 1990년대 이후에 중국에서 유물 발굴이 본격적으로 시작되면서 새로운 증거들이 속속 나오기 시작했다. 패트릭 맥거번이 이끈 미국과 중국 학자들로 구성된 발굴팀은 중국 허베이 성 자후에서 출토된 기원전 7000년경 만들어진 그릇에서 술의 흔적을 발견했다.

중국은 약 1만 5000년 전에 이미 도기를 만들었다. 도기는 발효 음료를 제조하고 저장하는데 유용하게 사용되고, 또한 술을 장기간 보존하는데도 용이한 도구였다. 따라서 중국에서 오래전에 술을 빚었을 것이라는 것은 너무 당연한 추론이다. 패트릭 맥거번과 동료 학자들은 자후에서 출토된 도기를 분석해 지금부터 9000년 전, 즉 기원전 7000년에 중국인들이 포도와 산사나무 열매로 만든 와인과 벌꿀주, 쌀맥주 등의 혼합주를 제조했다고 결론내렸다. 출토된 유물들은 당시 중국에서 맥주가 이미 생활의 중요한 부분이었다는 것을 보여준다.

자후에서 발견된 술 양조의 증거는 2004년 학술지에 발표된 이후, 국제적으로 많은 관심을 불러일으키고 사람들의 호기심을 자극했다. 미국 델라웨어 주에 위치한 도그피시 헤드Dogfish Head양조장은 자후에서 출토된 토기의 술 성분을 분석하고 중국의 술 양조 과정을 따라서 자후의 술을 재현해서 샤토 자후라는 맥주를 만들어냈다.

샤토 자후는 특별한 행사에만 제공되는 술로 생산됐고, 산사나무 열매, 머스캣 포도, 야생화 꿀, 사케 효모로 발효시킨 쌀 맥아가 조화를 이루어 색다른 맛을 냈다. 9000년 전의 고대 에일을 재창조했다는 문구와 함께 출시된 샤토 자후는 맥주 스타일 분류상 고대 에일Ancient Ale이고, 알코올 도수 ABV는 10도, 쓴맛 지수IBU 10으로 도수는 꽤 높고 쓴맛보다는 달콤한 맛이 나는 술이다.

2018년 이전까지 중국 자후의 술이 인류 최초의 술로 인정됐다. 그러나 스탠퍼드 대학교의 류리 박사 팀이 이스라엘에서 발굴한 유적은 중국보다 5000년가량 앞서 중동에서 맥주를 빚었다는 것을 증명했고, 인류 최초의 술에 대한 역사는 계속 새로 쓰이고 있는 중이다.

류리 박사 팀의 발견은 인류가 농경 생활을 시작하기 이전에 이미 야생 밀과 보리를 사용해 맥주를 양조했다는 것을 보여준다. 인류가 최초로 마신 술은 과일주일 가능성이 높지만, 증거로 입증된 것은 맥주가 현재로서는 인류가 마신 가장 오래된 술이라는 사실이다. 계속 발굴되고 있는 맥주 관련 유적들은 맥주를 만들기 위해 인류가 수렵 채취 생활을 접고 농경 문화를 발달시키기 시작했다는 학설에 힘을 실어주고 있다.

유물로 밝혀진 양조 역사는 류리 박사 팀의 발견으로 1만

3000년 전으로 거슬러올라가지만, 문헌에 기록된 술의 역사는 그보다 한참 후다. 대략 기원전 5000년경부터 서구 문명의 기원이 되는 메소포타미아 지방과 이집트의 문헌들에서 술에 관한 기록을 찾아볼 수 있다. 기원전 5000년경 메소포타미아 지방의 우르크에서는 일꾼들에게 맥주를 품삯으로 지불했다는 기록이 있다. 기원전 5000년 아르메니아의 문헌에도 맥주를 만들었다는 기록이 있다. 수메르 술의 여신 닌카시Ninkasi는 맥주 양조법을 남겨주었다.

현재 이란 서부의 자그레브 산맥에 위치한 고딘 테페는 기원전 3500년경 후기 우르크 시대의 유적지다. 이 시대는 최초의 법전, 최초의 관개 시설, 최초의 관료 제도 등 최초가 많은 시기였다. 다양한 상형문자가 기록된 이 시기의 점토판을 보면 당시 경제 활동에 관한 자질구레한 내용들이 기록되어 있다. 당시 기록을 살펴보면 맥주가 다양한 계층의 사람들이 즐기는 술이었다는 사실을 나타내고 있다.

서구 최초의 서사시와 법전으로 유명한 수메르의 길가메시 서사시와 함무라비 법전에도 맥주에 대한 내용이 있다. 기원전 1800년대로 추정되는 길가메시 서사시에는 반신반인의 영웅인 주인공 길가메시의 친구 엔키두가 맥주를 마셨다는 내용이 나온다. 맥주 7피처를 마시고 행복해진 엔키두의 모습이 잘 묘사되어 있다. 비슷한 시기 바빌로니아 함무

라비 왕의 법전에는 술집에 대한 규제를 담은 조항도 있으니, 당시 이미 맥주 규제법이 생겨날 정도로 일반적으로 마시는 음료였다는 것을 알 수 있다.

고대 이집트에서도 맥주는 일상적인 음료였다. 적어도 기원전 3500년경 이집트에서 맥주는 널리 제조되어 마시는 음료였다. 기원전 1세기 로마 역사가 디오도루스 시큘러스Diodorus Siculus는 이집트의 맥주가 결코 와인에 뒤지지 않는 풍미를 가졌다고 기록하고 있다. 그는 또한 이집트의 맥주는 그리스의 주신 디오니소스와 비슷한 역할의 오시리스Osiris가 만들었다고 기술하고 있다. 맥주는 이집트 평민은 물론 왕에게도 중요한 음료였다. 여과하지 않은 맥주는 빵보다 더 많은 단백질과 비타민B를 함유하고 있다. 이집트인들에게 맥주는 단순한 음료 이전에 중요한 영양소였다. 맥주가 없었다면 이집트는 피라미드를 건설할 수 없었을 것이다. 피라미드를 건설하기 위해 동원된 일꾼들은 빵과 더불어 하루에 평균 4~5리터의 맥주가 제공됐다. 이는 일꾼들에게 적당한 영양소와 더불어 노동에 활력소 역할을 제공한 것이었다. 곧 우리나라의 막걸리와 동일한 개념의 술이 맥주였던 것이다.

일상에서 맥주가 중요 했을 뿐 아니라 이집트에서 맥주는 장례식의 필수품이었다. 왕의 무덤에는 와인과 더불어 맥주를 채워넣은 방이 있을 정도로 맥주가 중요했다. 맥주를 만드는 모습은 고대 이집트 왕국 무덤 벽화에 많이 그려져 있는데, 왕들이 사후세계에서 맥주를 즐길 수 있도록 하기 위해서였다. 심지어 무덤에 맥주 양조 시설을 갖춰 놓기까지 했다. 파피루스나 비문에 쓰인 다양한 맥주 제조법을 살펴보면 과거 이집트에는 흑맥주, 달콤한 맥주, 철 맥주, 신맛이 없는 맥주*, 잇몸을 건강하게 해주는 샐러리를 포함한 맥주, 영원한 맥주, 대추야자 맥주, 과일을 첨가한 맥주 등 다양한 맥주가 제조됐음을 알 수 있다.

● 아생 효모의 발효 특성상 옛날에는 맥주에 신맛이 나는 것이 흔했다. 크래프트 비어 붐이 일면서 신맛 나는 사워비어가 최근 다시 인기를 끌고 있다.

수메르의 주신 닌카시에 해당하는 이집트의 주신은 하토르Hathor 여신인데, 맥주를 만드는 여신 멩게트Menget와 밀접한 관계를 맺고 있다. 술의 여신과 더불어 맥주의 여신이 따로 있었다는 것은 그만큼 맥주가 중요한 음식이었음을 시사한다. 곧 일상생활에서 매우 중요한 음식이 맥주였고, 장례나 종교의식 그리고 축제에 있어서 맥주가 중심적인 역할을 했음을 보여준다. 이집트 맥주는 팔레스타인에 수출까지 하는 주요 생산품이었다.

그리스에서도 맥주는 일상적으로 마시는 음료였다. 소포

클레스는 그리스 음식에 있어서 맥주의 중요성에 관해 논했는데, 가장 이상적인 그리스 음식의 조화로 빵과 고기 그리고 야채와 더불어 맥주를 꼽았다.

최초의 양조법이 기록된 것은 거의 4000년 전으로 거슬러올라간다. 기원전 1800년경 제작된 점토판에 수메르의 주신인 닌카시에게 바치는 찬가에 맥주 제조법이 기록되어 있다. 이 찬가는 최초의 맥주 제조법에 관한 기록이다. 찬가에는 맥주가 만들어지는 과정이 잘 나타나는데, 보리 낟알에 물을 부어 맥아를 만들고, 맥아즙Wort에 꿀을 섞고*, 감미로운 향료도 섞었다는 것을 알 수 있다. 정확한 향료 종류는 나타나지 않지만, 아마도 쓴맛의 첨가물이었을 가능성이 높다.

 ● 당시에 맥주 양조에 꿀을 섞는 것은 전세계적으로 보편적인 방법이었는데, 꿀이 효율적인 발효를 돕기 때문이다.

샌프란시스코의 앵커 브루잉Anchor Brewing 양조장에서는 고대 수메르 맥주를 복원하는 작업을 했다. 고대 맥주 레시피를 살려서 닌카시라 이름 붙인 맥주를 만들었는데, 상업적으로 판매하지는 않았다.

닌카시 찬가가 기록된 흙판의 내용을 보면, 맥주는 주로 여성에 의해 만들어졌다고 한다. 술을 만드는 양조사는 상당히 대우받는 직업으로 기록되어 있다. 중세시대까지 맥주는 일반적인 농가에서 여인들이 빚었으니, 맥주 양조는 여성과 불가분의 관계를 가지고 있다. 메소포타미아와 이집트의 맥주 신이 모두 여신인 것도 맥주 양조를 주로 여성이 담당했던 것과 관련이 깊다고 보겠다.

메소포타미아 지방에서는 주로 보리를 이용해 맥주를 빚었다. 바빌로니아 등지에서 발견된 기록에 의하면, 이들 지방에서 맥주를 만드는 사람은 주로 여성이었고, 동시에 사제였다. 특정한 맥주는 종교 행사에 사용됐기에 맥주를 만드는 사람이 성직자였다. 석기시대 조상들이 맥주를 주술적인 용도로 이용했던 전통은 계속 계승되어 내려왔음을 확인할 수 있다. 종교와 맥주는 그만큼 불가분의 관계를 맺고 있다. 기독교에서 맥주보다 와인을 더 중요시한 것은 사실이지만, 성경에 하나님이 이스라엘 백성에게 내려주었다고 기록된 만나가 사실은 빵을 기반으로 만든 죽 같은 맥주였다는 주장도 있다.

메소포타미아 지방에서는 관개 농업 방식으로 곡물을 대량 재배하기 시작했고, 이 지역에서 보리맥주와 밀맥주는 수천 년 동안 진화를 거듭해 점점 완벽한 술로 발전했다. 농부에서부터 왕까지 신분에 관계없이 발효 음료를 즐겼으며, 여러 명이 함께 빨대로 맥주를 마시면서 공동체 유대의식을 다졌다. 기원전 2500년 우르 왕조 푸아비 여왕의 무덤에서는 빨대와 술병이 발견됐고, 술병에는 여왕에게 할당된 일일 맥주량인 6리터가 담겨 있었을 것으로 추정된다. 하루에 6

리터의 맥주를 마셨던 것이니 우리 조상들은 엄청난 주당들이었다.

연회를 뜻하는 수메르어 방켓Banquet은 '맥주와 빵이 있는 장소'를 뜻한다. 수메르 왕들은 호화스런 연회를 열고 신전에서 맥주를 마시는 것을 자랑으로 여겼을 만큼 맥주를 즐겼다. 이들은 각종 연회나 특별한 행사를 위한 특별한 술을 만들었고, 맥주는 그런 의식의 일부로 자리 잡았다. 영양분을 공급해주는 동시에 병원균을 살균해서 위생적으로 수분을 섭취할 수 있는 음료인 맥주는 귀족들의 생활에서 없어서는 안 될 중요한 존재였다. 이렇게 중요한 음료인 맥주이기에, 사후세계에서도 적절한 수분과 영양분을 공급해줄 수 있도록 무덤에 맥주를 갖춰놓는 것은 당연한 문화였을 것이다.

만지는 것을 모두 황금으로 만들어버리는 손을 가진 것으로 유명한 마이다스 왕의 무덤으로 추정되는 고분에서 술을 저장했던 통과 술잔 등의 유물이 출토됐다. 술독에 남겨진 잔여물의 화학 성분을 분석한 결과 포도와인과 보리맥주, 벌꿀주가 혼합된 발효 음료를 담았던 용기라는 사실을 밝혀냈다. 이 고분이 전설 속의 마이다스 왕의 고분인지 확실하지는 않지만, 이 고분을 통해 당시 왕족이 마셨던 중동 고유의 맥아를 사용한 맥주 성분을 밝혀냈다.

중국 자후에서 만들었던 고대 맥주를 재창조한 도그피시 헤드 양조장은 마이다스 왕으로 추정되는 무덤의 고대 술도 재현했는데, 지금부터 2700여 년 전의 고분에서 발견된 성분을 바탕으로 맥주를 재창조해 시판하고 있다. 마이다스 터치Midas Touch로 명명된 이 술은 처음에 한정 생산되어 일반에 공개됐고, 지금은 양산되어 팔리고 있다. 일반적인 크래프트 비어의 두 배 정도 비싼 가격에도 불구하고 고대 맥주를 맛보고자 하는 사람들에게 날개 돋힌 듯이 팔리고 있으니, 애주가들의 술에 관한 입맛은 고대에나 현대에나 변함이 없는 듯하다. ABV 9.0으로 알코올 도수는 꽤 높고, IBU 12로 쓰지 않고, 단맛이 많은 맥주다. 이 맥주는 주요 맥주 시음대회에서 많은 상을 받았다.

중세 유럽의 맥주

최초의 맥주 양조 증거는 메소포타미아 지방에서 발견됐지만, 맥주가 가장 발달한 지역은 역시 유럽이다. 지금도 맥주는 영국, 독일, 벨기에, 체코 등 유럽 주요 국가가 종주국

행세를 하고 있으며, 이들 국가들이 현대의 맥주 발전에 기여한 바는 절대적이다.

　유럽에서 맥주 양조의 증거는 기원전 4000년경으로 거슬러올라가는데, 뜻밖에도 유럽 본토가 아닌 스코틀랜드 유적에서 발견됐다. 에일 맥주의 종주국을 영국으로 보는데, 스코틀랜드에서 유럽 최초의 맥주 양조 증거가 나온 것은 그런 측면에서 당연한 일이다.

　기후가 온난했던 남부 유럽에 비해 척박한 기후의 북부 유럽에서는 상대적으로 발효 음료를 만들기가 어려웠다. 척박한 환경에도 불구하고 북유럽 사람들은 열심히 술을 만들어 마셨다. 이들은 발효를 위해 벌꿀을 가미한 맥주를 만들었다. 폭음을 즐기기도 했다. 기원전 1세기 초기 로마 역사학자 디오도로스 시켈로스는 고대 골Gauls 사람들이(켈트족을 의미한다) 벌꿀을 씻어낸 액으로 만든 맥주를 마셨다고 기록하고 있다. 이들 켈트족의 음료는 로마인들에게는 혐오의 대상이었다고 한다. 로마인들은 북쪽의 야만인들이 잔을 사용하지 않고 빨대로 맥주를 빨아먹으며 덥수룩한 수염으로 맥주를 여과해서 마신다고 생각했다. 시대를 막론하고 다른 문화에 대한 근거 없는 편견은 항상 존재했던 것이다. 기후 탓에 양조가 쉽지 않은 일이었지만 추운 겨울을 나기 위해서 북유럽인들은 다양한 방법으로 맥주를 양조해서 마셨다.

덴마크 지방의 습지에서 출토된 유물을 보면 기원전 1000년경 음주에 사용된 용기를 볼 수 있다. 이들 용기는 매우 호화스럽게 치장되어 있는데, 이는 당시 술을 마신다는 것은 권력을 과시하는 수단이었다는 것을 보여준다. 곧 맥주는 권력과 불가분의 관계에 있다는 것을 시사한다. 아메리카 대륙이나 아프리카 대륙에서도 술과 음식을 대접하는 것이 권력자의 의무이자 특권이었다는 것을 증명하는 행사가 전해 내려오고 있듯, 북유럽에서도 의식이나 연회의 말미에 지도자가 술잔을 쳐들고 건배를 하는 것이 보편적이었다. 현대 한국 사회의 회식자리 문화를 보면 거의 동일한 풍습을 볼 수 있으니, 맥주와 권위와의 관계는 문화를 초월한 보편적인 만국 공통 문화라 하겠다.

한때 권력의 상징이었으나 그리스 로마가 유럽의 패권을 잡으며 북유럽인들이 즐기던 맥주는 야만적인 술이라는 인식이 퍼지게 되었다. 그리고 와인이 문명화된 생활 양식을 상징하는 표상이 되었다.

와인의 위상에 비해 맥주가 폄하되고, 북유럽의 지배 계급들도 점차 와인을 마시게 됐지만 여전히 맥주는 일반 서민들뿐 아니라 귀족들도 마시는 술이었다. 중세 유럽에서 맥주는 중요한 음식이었고, 8세기 신성로마제국의 샤를마뉴 황제는 직접 양조사들을 훈련시켜서 맥주를 만들어 마실 정도로 맥주를 삶에서 매우 중요한 요인으로 꼽았다.

와인이 유럽 전역으로 퍼져나갔지만, 중세 유럽 특히 북부와 동부 유럽에서는 맥주가 가장 일상적인 음료였다. 모든 계급의 사람들이 매일같이 마시는 음료였다. 전통적으로 와인을 선호한 남부 유럽에서도 하층민들 사이에서는 맥주가 인기 있었고 물보다 맥주를 더 많이 마셨다.

물보다 맥주를 더 많이 마신 것에는 여러 이유가 있겠으나, 당시 깨끗한 물을 얻기가 쉽지 않았고 석회 성분이 많이 포함된 유럽 지역 물의 특성으로 인해 물을 마시는 것보다 맥주를 만들어 마시는 것이 위생적으로 나은 선택이었다. 물보다 맥주가 더 안전하다는 사실은 이미 고대의 석기시대 조상들로부터 경험적으로 전해진 지혜였다.

중세 유럽 맥주 양조의 두드러진 특징으로 수도원 맥주를 꼽을 수 있다. 수도원에서는 양조장을 만들어 수도승들이 맥주를 만들어 마셨는데, 이는 깨끗한 물이 귀했기에 위생을 위해 맥주를 만들어 마셨다는 이유와 더불어 금식 기간 동안 음식을 먹지 못하는 대신 맥주를 마시며 영양분을 공급해야 했기에 수도원에서 적극적으로 맥주를 만들었다. 맥주는 사실상 액체 빵이라고 해도 과언이 아니다. 이런 목적 이외에 수도원에서는 순례자들과 여행자들에게 맥주를 만들어 팔아서 수도원의 경비를 충당했다. 중세 유럽에서 맥주 양조 방법이 발달하게 된 것은 상당 부분 수도원의 역할이 매우 컸다. 수도원 맥주의 전통은 지금도 벨기에의 트라피스트 맥주로 계승되어 생산되고 있다.

홉의 사용

맥주 양조법은 고대부터 중세까지 크게 변하지 않았다. 기본적으로 보리 혹은 밀 등의 곡식 몰트를 사용해 발효시키는 양조 방법은 지금까지도 거의 동일하다. 맥주 양조에 있어서 가장 중요한 변화는 바로 홉의 사용에서 찾을 수 있다. 맥주의 오랜 역사에 비해 홉은 비교적 최근에 사용하기 시작했다. 홉을 사용하기 전에는 맥주에 주로 그루이트Gruit라는 허브의 일종을 첨가해서 양조를 했다.

맥주 양조에 있어서 홉의 사용은 매우 중요한 사건인데, 홉을 사용하기 시작하면서 지금 우리가 마시는 쌉쌀한 맛이 나는 익숙한 맥주가 됐고, 맥주의 보존성이 개선되어 맥주 산업이 발전하게 됐기 때문이다.

언제 최초로 맥주에 홉을 사용하기 시작했는지는 불분명

하다. 여러 의견이 있는데, 맥주에 홉을 넣는 방법은 9세기경 처음 사용됐을 것으로 추측된다. 프랑스 아미엥 지방에 위치한 베네딕트 수도회 코르비 수도원의 아델하르트 원장은 822년에 남긴 문서에서 '맥주 양조용 홉을 수확해 수도원에 헌납하는 것은 지역 주민들의 중요한 의무'라고 기록했다. 당시 맥주 양조에 홉을 사용했다는 증거다. 그러나 이후 약 300년 동안 맥주에 홉을 사용했다는 다른 기록은 없다. 따라서 당시에 맥주 양조에 홉을 사용한 것이 보편적이었는지 혹은 이 지역에 국한된 것이었는지 확인하기는 어렵다. 홉을 사용하는 방법이 알려진 후에도 홉의 보급은 천천히 퍼져나갔던 것으로 추측된다.

코르비 수도원의 기록 이후 홉이 문서에 다시 등장한 것은 300여 년이 지난 후였다. 12세기 독일 라인란트에 위치한 베네딕트 수도회의 힐데가르트 원장 수녀가 자연주의 치료법에 관한 저서인《자연학Physica》에서 맥주를 담글 때 그루이트 대신 홉을 사용할 수 있다고 기술했다.

지금은 맥주에 홉을 사용하는 것이 당연한 것이고, 홉이 들어가지 않은 맥주를 상상하기 어렵다. 그만큼 홉은 맥주를 만드는데 중요한 대표 재료다. 홉의 향이 맥주에 특유의 개성을 부여한 것과 더불어 홉은 맥주의 보존성을 높였기에 홉의 사용은 맥주의 발전에 있어 중요한 전환점이 됐다.

홉을 사용하기 전에는 맥주에 첨가한 그루이트도 맥주에 쓴맛을 주고 보존성을 높이기는 했다. 하지만 홉과 같은 보존성을 주지는 못했기에 맥주를 만드는 것은 주로 가내 수공업으로 각 가정에서 조금씩 만들어 마셨고, 다른 곳에 유통시키는 것은 불가능했다. 홉을 사용하지 않고 맥주를 오래 보관하려면 알코올 도수를 높이는 방법밖에 없는데, 이는 맥주를 양조할 때 들어가는 보리 몰트의 양을 늘려야 했기에 경제적인 방법이 아니었다. 따라서 홉을 넣기 시작한 것은 맥주 대량 생산을 가능하게 했다는 점에서 맥주 역사에 있어서 하나의 전환점을 이루는 획기적인 일이었다.

주로 가족 단위로 만들어 마시던 맥주는 13세기에 들어서며 독일에서 홉의 사용이 보편화되기 시작하고, 14~15세기 수도원의 양조장이 대량으로 맥주를 만들기 시작하며 점차 산업으로 발돋움하기 시작했다. 수도원에서 만드는 맥주와 더불어 각 지역의 펍에서 직접 맥주를 만들어 팔면서 맥주 양조는 가정에서 벗어나 규모가 큰 양조장으로 발전했다.

홉을 사용한 맥주 양조법은 13세기에 보헤미아 지방에서 완성시켰다. 이 지역은 지금도 뛰어난 품질의 사츠Saaz 홉 생산지로 유명하다. 곧이어 독일에서 표준화된 맥주 양조법을 만들고 맥주의 대량 생산과 수출을 시작했다. 각 가정에서 소규모로 만들던 맥주는 이제 10명 정도의 중간 규모 양

분쇄한 보리 몰트

조장에서 생산하게 됐다. 중간 규모 맥주 양조장은 14세기에 네덜란드와 플랑드르 지방(벨기에 서부를 중심으로 네덜란드 서부와 프랑스 북부에 걸친 지역)으로 퍼져나갔고, 15세기에 영국까지 퍼지게 된다. 네덜란드에서는 14세기 말까지 독일에서 맥주를 수입했으나 홉의 도입과 함께 맥주를 직접 양조하기 시작했다.

홉을 사용하기 전에 영국에서는 맥주를 몰트와 물로만 만들었다. 영국에서는 이런 전통적인 맥주를 에일Ale이라 통칭했고, 홉을 사용한 맥주가 등장하면서 에일과 구별하기 위해 비어라는 단어를 사용하게 됐다. 그러니까 전통적 맥주는

　　　　　　　　　　　　수제 맥주 바이블

에일, 홉을 넣은 맥주는 비어라 불렀다. 영국에서는 처음 홉의 사용에 대해 부정적이었는데, 홉을 해로운 잡초로 인식했기 때문에 홉의 사용을 기피했다. 그러나 1428년 영국에서도 홉을 재배하기 시작했고, 곧 홉의 사용은 보편화됐다. 16세기 이후에는 영국의 모든 맥주에 홉을 사용하게 됐다.

1710년에 영국은 수입 홉에 관세를 부과하기 시작했다. 그만큼 홉이 중요한 작물로 자리 잡을 정도가 된 것이다. 홉의 사용이 완전히 자리를 잡으면서 홉을 사용한 맥주를 지칭하기 위해 도입한 명칭인 비어는 차츰 맥주를 통칭하는 단어가 됐고, 홉을 사용하지 않은 맥주를 지칭하던 에일은 도수가 높은 맥주를 의미하게 됐다. 원래 맥주를 의미하던 단어인 에일이 비어로 완전히 대체된 것이다. 크래프트 비어가 인기를 얻게 된 이후, 에일은 상면발효를 한 맥주를 통칭하는 명칭으로 사용되지만 여전히 모든 맥주를 통칭하는 단어는 비어이니 굴러온 돌이 박힌 돌을 빼내고 주인 자리를 차지한 셈이다.

새로운 잡종 효모와 라거 맥주의 출현

1400년대 즉 15세기까지 모든 맥주는 비교적 높은 온도에서 상면발효를 한 에일 맥주였다. 상면발효는 효모가 발효하며 위로 떠오르는 성질을 갖기 때문에 붙여진 명칭이다. 반면 하면발효 맥주인 라거는 낮은 온도에서 효모가 발효하며 아래로 가라앉는 성질을 가지고 있다.

15세기 당시에는 아직 효모의 존재가 알려지기 전이었기에 상면발효와 하면발효에 대한 개념이 있었던 것은 아니다. 유전적 분석으로 밝혀진 바, 당시 맥주를 빚었던 효모는 사카로미세스 세레비지에 종으로 비교적 높은 온도에서 발효하는 상면발효 효모였기에 맥주는 모두 상면발효 맥주인 에일 맥주였다. 현재 전 세계 시장에 나와있는 맥주의 70% 이상이 낮은 온도에서 발효하는 하면발효 맥주인 라거 맥주인데, 사실 인기에 비해 라거 맥주의 역사는 매우 짧은 편이다.

현존하는 가장 오래된 양조장인 독일 바이에른의 바이엔슈테판 수도원 양조장에서 700년대 중반부터 양조를 했다는 기록이 있다. 이 수도원이 위치한 산 곳곳에 동굴이 있어서 수도사들은 양조한 맥주를 서늘한 온도를 유지하는 동굴에 저장했다. 이런 이유로 낮은 온도에서 발효하는 라거 맥주는 바이엔슈테판의 수도사들에 의해 15세기경 처음 만들어졌을 것이라는 견해가 정설로 인정받고 있다. 물론 당시에는 효모의 존재를 알지 못했으므로 저온발효 맥주인 라거가 만들어진 것은 의도적인 일이 아니라 전적으로 우연이었다.

15세기 초반 바이엔슈테판에서 처음 라거 맥주가 양조됐다는 추론은 저온에서 발효하는 하면발효 라거 효모인 사카로미세스 파스토리아누스효모를 유전적으로 분석한 결과 밝혀진 사실에 기반을 두고 있다. 유전자 분석 결과, 라거 효모는 남미 파타고니아의 서늘한 숲에서 자생하는 효모인 사카로미세스 유바야누스Saccharomyces Eubayanus 효모가 아메리카 대륙을 왕래하던 유럽인들의 선박에 묻어와서 유럽 토종 효모인 사카로미세스 세레비지에와 교배를 해 만들어진 효모라는 사실이 밝혀졌다[*]. 새로 만들어진 잡종 효모는 낮은 온도에서 발효하는 유바야누스 효모의 특성을 물려받아 저온발효를 하는 효모였고, 마침 서늘한 곳에 저장되어있던 바이엔슈테판 수도원의 맥주에 작용해 라거 맥주를 만들게 됐다고 추정된다.

섭씨 8~12도 정도의 낮은 온도에서 발효하는 라거 효모는 발효시 더 많은 당분을 분해하는 특성을 가졌다. 따라서 당분이 많이 남아있는 에일 맥주에 비해 라거 맥주는 당분이 거의 없기에 단맛이 적고 깔끔하고 상쾌한 맛을 낸다. 에일 맥주와 비교해 청량감이 뛰어난 라거 맥주는 곧 독일 맥주의 특징으로 자리 잡았고, 19세기 들어서며 보헤미아(지금의 체코) 플젠 지방의 라거 맥주인 필스너가 유럽을 제패하면서 점차 전 세계 맥주 시장을 장악하게 됐다.

청량감 높은 깔끔한 맛과 더불어 라거 맥주는 맥주의 품질을 일정하게 유지하는데 더 유리하고, 에일에 비해 더 오랜 기간 변질 없이 보존 가능하다. 이런 특징은 라거 맥주가 세계 맥주 시장을 제패하게끔 한 이유지만, 반면 라거 맥주의 맛은 거의 비슷하다. 수제 맥주가 인기를 끌기 시작하면서 다소 천편일률적인 맛인 라거 맥주에 식상한 맥주 덕후들을 중심으로 에일 맥주가 다시 부상하고 있으니, 유행은 돌고 돈다. 하지만 아직까지 맥주 시장의 절대 강자는 에일보다는 라거 맥주다.

● 2011년 남미 아르헨티나 파타고니아에서 사카로미세스 유바야누스 효모가 발견됐고. 유전자 분석 결과 이 효모가 사카로미세스 세레비지에와 교배해 라거 효모 사카로미세스 파스토리아누스를 만들었다는 것이 밝혀졌다. 파타고니아의 효모가 당시 유럽에서 아메리카 대륙을 오가던 선박에 묻어와서 유럽 토종 효모와 교배했다고 추정됐다. 그러나 사카로미세스 유바야누스 효모가 발견된 이후 같은 종의 효모가 티베트와 중국에서도 자생하고 있는 것이 발견됐다. 따라서 라거 효모의 조상이 남미에서 왔는지 아시아에서 왔는지는 논쟁의 여지가 있다.

수제 맥주 바이블

맥주순수령Reinheitsgebot

1516년은 맥주의 역사에 있어서 중요한 해다. 독일 바바리아(지금의 바이에른)의 빌헬름 4세는 1516년 맥주순수령을 제정하는데, 이는 맥주 규제에 관한 가장 오래된 법령이다. 맥주순수령은 맥주에 들어가는 재료를 보리 몰트, 홉 그리고 물로 제한하는 것을 골자로 하고 있다. 당시에는 효모의 존재를 몰랐으므로 순수령에 효모는 포함하지 않았지만, 루이 파스퇴르가 효모의 존재를 확인한 이후 순수령에 효모가 추가됐다.

맥주순수령으로 인해 독일에서 맥주의 생산은 엄격한 기준에 따라야 했으므로 오늘날 독일이 맥주의 종주국 행세를 하고 독일인들이 맥주에 대해 갖는 자부심의 원천이 됐다. 하지만 이 법이 제정된 것은 맥주의 순수성을 보존하려는 목적이었다기 보다는 당시 빵의 원료인 밀로 맥주를 만드는 경우가 많아서 식량난을 초래했기에 맥주를 밀로 만드는 것을 금지하려는 목적이 강했다. 아이러니하게도 빌헬름 4세는 정작 자신의 영지에서는 밀맥주 양조를 허용했다.

16세기에서 18세기까지 바바리아 군주들은 맥주순수령을 바탕으로 밀맥주 양조를 철저하게 통제했다. 하지만 상류 지배 계급을 위한 밀맥주 양조는 허용됐고, 지금도 뮌헨을 중심으로 하는 바이에른 지방의 밀맥주는 유명하다. 맥주순수령은 제빵용 곡물이 맥주 양조에 사용되는 것을 방지하는 것과 동시에 맥주 양조법을 통제함으로써 세금 징수를 효율적으로 하는 수단으로 사용됐다. 예나 지금이나 지배 계급은 세금 징수를 위해서 다양한 방법과 명목을 동원해왔다.

왕실 소유였던 밀맥주 양조권은 1872년 민간으로 이양되는데, 게오르그 슈나이더Georg Schneider가 이 권리를 샀고, 뒤이어 에딩거Erdinger 양조장에서도 밀맥주 양조 권리를 사들여 지금까지 밀맥주를 양조하고 있다. 에딩거의 밀맥주는 우리나라에도 상당히 인기있는 맥주다. 1988년 유럽사법재판소는 음식에 들어가는 재료라면 맥주에도 들어갈 수 있다는 판결을 내렸고, 그 결과 독일의 맥주순수령은 사실상 폐지됐다. 그러나 오랜 세월 지켜왔던 맥주순수령으로 인해 독일 맥주는 전통을 지킨 순수한 맥주라는 이미지를 갖게 됐다. 통제와 세금 징수 목적으로 제정된 법이 독일 맥주의 이미지를 지켜준 셈이다.

맥주순수령으로 순수하게 보리 맥아만을 사용한 맥주의 전통을 지킨 것과 더불어, 독일은 하면발효 라거 맥주의 종주국처럼 인식되고 있다. 이런 인식이 만들어지게 된 것은 1553년 바바리아의 군주인 알브레히트 5세Albrecht V가 여

수제 맥주 바이블

름에는 맥주를 양조하지 못하도록 법령을 제정한 것에 기인한다. 당시에는 효모의 존재를 몰랐지만 사람들은 경험적으로 여름에 빚은 맥주와 겨울에 빚은 맥주가 틀리다는 것을 알고 있었다. 겨울에 양조한 맥주는 저온에서 발효하는 효모가 작용해 하면발효 맥주 즉 라거 맥주가 됐고, 여름에 양조한 맥주는 고온에서 발효하는 효모가 작용해 에일 맥주가 됐다. 따라서 두 맥주의 맛은 확연히 차이가 있었다.

겨울에 양조한 라거는 깔끔한 맛과 더불어 오랜 기간 변질되지 않고 보존할 수 있었고, 따라서 맥주 품질이 에일에 비해 비교적 균일했다. 알브레히트 5세는 4월 23일부터 9월 29일까지 맥주 양조를 금지시키는 법을 제정했는데, 겨울에 양조한 맥주 즉 라거 맥주를 통해 맥주의 품질을 개선하기 위한 목적을 가진 법령이었다. 이에 따라 바바리아 지방에서는 여름에는 맥주를 만들수 없게 됐고, 결국 라거 맥주를 제외한 에일 맥주는 찾아볼 수 없게 됐다 (상면발효하는 밀맥주는 예외다). 알브레히트의 법령은 빌헬름의 맥주순수령과 더불어 독일 맥주의 특징을 결정짓는 중요한 법령이 된 셈이다.

독일 맥주, 그중에서도 뮌헨을 중심으로 하는 바이에른의 맥주가 세계적으로 유명하게 된 것은 이처럼 바이에른의 군주들이 유별나게 맥주에 관심이 많아서 관련 법령을 제정했

기 때문이다. 덕분에 독일은 맥주 종주국의 이미지를 갖게
되었다.

맥주 산업의 발달

산업혁명을 계기로 맥주 양조에도 큰 변화가 찾아오는데,
과학과 기술의 발달로 맥주 양조에 과학적인 장비들이 도입
된다. 비중계와 같은 새로운 도구를 사용하게 되면서 맥주
양조의 효율성이 획기적으로 높아졌다. 이런 양조 기술의 발
전은 양조 방식에도 영향을 미치며 맥주가 본격적인 산업으
로 발돋움하는 계기가 됐다.

특히 몰트를 일정하게 볶는 기술의 발전은 현재 우리가
마시는 보편적 맥주인 밝은색 맥주를 가능하게 했다. 맥주를
만드는 가장 중요한 원료인 보리는 자연 그대로는 맥주를
만들기 어렵고, 몰트로 만들어 당화시켜야 한다. 몰트란 싹
을 틔운 보리를 볶은 것을 칭한다. 몰트를 사용하는 이유는
발효를 위한 당을 보리에서 추출하기 위해서다. 그냥 보리를
사용하면 제대로 당을 추출해낼 수 없다. 보리를 물에 담가

놓으면 싹이 트는데, 이 과정에서 보리 내부의 효소가 발아를 돕기 위해 전분을 당분으로 전환시킨다. 원하는 상태까지 발아가 되면, 더 이상 발아가 되지 않도록 건조시킨다. 싹이 튼 맥아에 열을 가해 건조시킨 보리가 바로 몰트다.

　과거에는 주로 짚이나 나무 등을 사용한 불로 맥아를 볶아서 건조시켰다. 이런 방식으로 몰트를 볶으면 화력을 조절하기가 용이하지 않기에 몰트가 타기 쉬웠고, 타버린 몰트를 사용해 양조한 맥주는 탄맛과 함께 맥주의 색이 매우 어두웠다. 과거에는 모든 맥주의 색이 흑맥주에 가까운 어두운 색이었다. 따라서 맥주의 질도 균일하지 않고 들쑥날쑥했다.
　맥주의 풍미, 흔히 '몰티Malty하다'는 표현을 쓰는 맥주의 맛은 맥아를 건조시킬 때 가하는 열의 정도에 따라 달라진다. 낮은 온도에서 건조시킨 맥아는 색이 옅고 비스킷 풍미를 낸다. 중간 온도에서 건조한 맥아는 색이 좀 더 진해지며 캐러멜 맛이 난다. 높은 온도에서 맥아를 볶으면 색이 더욱 진해지며 초콜릿이나 커피 맛을 내게 된다. 따라서 몰트를 볶는 기술은 맥주의 맛을 결정짓는 중요한 기술이다. 기술과 장비가 발달하기 전에는 몰트를 적당하게 볶기 어려워 대부분 검게 탄 몰트를 사용했기에 맥주는 진한 흑맥주 색에 가까웠고, 맥주의 풍미도 균일하지 못했다.

산업혁명으로 기계 산업이 발달하고 몰트를 만드는 도구가 등장하면서 맥아를 적절하게 볶을 수 있게 됐고 효율도 높아졌다. 더불어 균일한 품질을 유지할 수 있게 됐다. 특히 영국에서는 몰트를 볶을 때 석탄의 일종인 코크스를 사용했는데, 이 방식을 사용하면 보리를 적절히 볶을 수 있어서 기존의 타버린 몰트로 만든 어두운 색 맥주보다 훨씬 밝은색의 맥주를 만들 수 있었다. 그렇게 만들어진 맥주가 페일 에일Pale ale이다. 창백한 맥주라는 이름 그대로 타버린 맥아를 사용한 기존의 흑맥주에 비해 창백한 색깔의 맥주였고, 영국 맥주가 개척한 페일 에일은 맥주의 역사에서 매우 중요한 스타일 중 하나이자, 현대 크래프트 비어가 인기를 얻는 데 결정적 영향을 미친 중요한 맥주 스타일이 됐다.

18~19세기 맥주

맥주가 우리가 알고 있는 현대적 모습을 갖추게 된 것은 18세기 이후라고 보면 큰 무리가 없다. 세계적으로 유명한 기네스 맥주의 기원인 포터 맥주가 등장한 것도, 세계 시장을 평정한 라거 맥주가 자리를 잡은 것도, 수제 맥주 열풍의 핵심인 인디아 페일 에일IPA 맥주가 등장한 것도 이 시기다. 따라서 18세기와 19세기는 맥주에 있어서 가장 중요한 시기였다. 기술의 발달로 맥주 양조 방식이 진화해 보다 균일한 품질의 맥주가 대량 생산되는 시기이기도 하다.

1700년대 초반 영국에서 포터 맥주가 인기를 끌기 시작했다. 포터는 이름 그대로 런던의 짐꾼들이 주로 마시는, 진한 빛깔의 맥주였다. 포터는 맥주 역사에서 가장 중요한 맥주 중 하나다. 포터 이전의 맥주는 혼란스러운 세상이었다. 통일성은 찾아보기 어려웠고, 각 지역마다 소량으로 맥주가 생산됐기에 일관성도 없었다. 홉을 넣은 맥주도 있었고, 넣지 않은 맥주도 있었고, 맥주 스타일의 명칭도 제각각이어서 같은 맥주도 여러 다른 이름으로 불리는 등 매우 혼란스러웠다. 포터는 이런 어수선한 맥주 세계에서 어느 정도 일관성을 갖고 대량 생산된 최초의 맥주였다.

당시 영국 런던의 술집은 스리 스레드Three threads라는 술이 유행이었는데, 문자 그대로 세 개의 나무통에서 숙성된 서로 다른 종류의 맥주를 손님 취향에 따라 섞어서 판매하는 술이었다. 당연히 술집마다 맥주 맛이 제각각일 수밖에 없었다. 그러다가 런던의 한 양조장에서 색이 엷은 맥아와 진한 맥아를 섞어서 양조한 맥주를 출시했는데, 스리 스레드

보다 가격도 저렴하고 맛도 좋아서 인기를 끌기 시작했다. 이 맥주는 인타이어 버트Entire Butt•라는 이름으로 불렸는데, 기존의 맥주처럼 작은 통에 담긴 여러 종류의 맥주를 섞는 방식이 아니라 하나의 큰 통에 한 가지 맥주만 담았다는 것을 강조하기 위해 붙은 명칭이었다. 이 맥주는 런던의 짐꾼들 사이에서 큰 인기를 얻었고, 짐꾼들이 즐겨 마시는 술이라는 의미로 포터로 불리게 됐다.

 ● 버트Butt는 108갤런(408리터) 용량의 나무통을 지칭

포터가 인기를 얻자 곧 대량 생산이 시작됐고, 한 가지 맥주만을 대량 생산하기에 단가는 내려가게 됐다. 가격이 내려가자 주머니가 가벼운 노동 계급 사람들이 더욱 더 포터를 찾게 됐고, 곧 포터 맥주는 런던에서 영국 전역으로 퍼져나갔다.

포터는 맥주의 유통 방식에 근본적인 변화를 가져왔는데, 포터 이전의 맥주는 양조장에서 발효를 마친 맥주통을 개별 술집들이 받아서 직접 숙성시키는 방식이었다. 각 펍에서는 맥주를 숙성시킬 저장고가 필요했고, 맥주를 양조장에서 받아오고 난 후에도 각자의 방식으로 숙성시켰다. 따라서 같은 양조장에서 맥주를 받아왔어도 숙성시키는 방법에 따라 각 펍마다 맥주 맛은 천차만별일 수밖에 없었다. 지금도 전통적

인 영국 펍에서는 이런 방식으로 맥주를 서빙하는데, 그 펍 고유의 숙성 조건으로 개성있는 맥주 맛을 만들어내기 때문에 오히려 인기를 얻고 있기도 하다.

포터는 양조장에서 숙성을 모두 마치고 난 이후 출고되어 유통된 최초의 맥주로서, 술집들은 양조장에서 맥주를 받아 오자마자 판매할 수 있게 됐다. 따라서 받아온 맥주를 숙성시킬 커다란 저장고가 필요없게 된 것이고, 맥주를 숙성시키는 기간 동안 기다리지 않아도 되기에 비용이 절감되어 더욱 저렴한 가격에 맥주를 팔 수 있게 됐다. 포터가 런던의 짐꾼들에게 인기가 있었던 것은 이런 조건을 갖췄기 때문이다. 이름 그대로 포터야말로 진정한 노동자의 술이었던 셈이다.

영국에서 인기를 얻은 포터는 곧 아일랜드로 전파됐는데, 아일랜드의 기네스는 영국의 포터보다 더 진한 색 맥주를 만들어 인기를 끌었다. 포터보다 더 강한 맥주라는 의미에서 스타우트* 포터로 불리다가 추후 영국의 포터와 구별해 아일랜드에서 양조된 강한 흑맥주는 스타우트로 불리게 됐다. 기네스의 스타우트는 곧 큰 인기를 얻고 세계 맥주 시장을 평정했다. 1880년대에 기네스는 세계 최대 양조업체가 됐고, 상당 기간 최대 양조장으로 군림했다.

 ● 스타우트Stout는 강하다는 뜻이다.

영국 런던에서 탄생한 노동자들의 술이었던 포터는 아이러니하게도 특히 러시아 귀족들에게 큰 인기를 끌었다. 1698년 영국을 방문한 러시아의 표도르 1세는 영국의 매력에 푹 빠져서 영국의 모든 것을 사랑했는데, 영국 맥주 중에서 도수가 높은 포터 즉, 스타우트를 특히 사랑했다. 표도르 1세의 스타우트 사랑으로 인해 러시아는 영국 맥주를 수입하는 큰손이 됐고, 영국 양조장에서는 러시아로 수출할 맥주를 양조하느라 바빠졌다.

처음 영국에서 러시아로 수출한 맥주는 오랜 여정 동안 상해버렸다. 런던의 바클레이Barclay 양조장에서는 오랜 여정을 견딜 수 있도록 홉을 다량으로 넣어서 보존성을 높인 맥주를 만들어 러시아로 수출했는데, 이 맥주가 러시아에서 큰 인기를 끌게 됐다. 임페리얼 스타우트가 탄생하는 순간이었다. 러시아 황제를 위해 양조한, 알코올 도수가 높고 홉이 많이 들어간 스타우트 맥주는 임페리얼 스타우트로 불리며, 하나의 맥주 스타일로 자리 잡았다.

표도르 1세의 뒤를 이은 예카테리나 2세(1762~1796)도 영국 맥주를 매우 즐겼고, 러시아라는 큰 수출 시장을 붙잡게 된 영국의 양조업자들은 러시아에 수출할 임페리얼 스타우트를 적극적으로 양조하기 시작했다. 특히 영국의 대표적 양조장 밀집 지역인 버튼온트렌트Burton-on-Trent의 양조장에서 임페리얼 스타우트를 많이 양조했다. 러시아로의 맥주 수출은 1822년까지 호황을 누렸으나, 이후 러시아에서 영국 맥주에 엄청난 관세를 부과하기 시작하면서 사양길에 접어들게 된다.

러시아로의 수출길이 막히고, 1800년대 초반에 새로운 양조 기술이 발달하면서 영국에서도 포터의 인기는 내리막길을 걷기 시작한다. 바로 창백한 엷은 색 맥주인 페일 에일이 인기를 얻기 시작한 것이다. 온도계와 냉각 코일의 발명으로 양조업자들이 양조 과정을 세밀하게 컨트롤할 수 있게 됐고, 비중계를 사용하기 시작하면서 효율적으로 맥아를 사용할 수 있게 됐다. 그 결과 양조 효율이 높아서 제조 단가가 낮은 엷은 색 맥아를 사용한 페일 에일 맥주가 보편화되기 시작했다.

페일 에일이란 명칭은 색이 진한 포터와 같은 과거의 맥주에 비해 색이 엷었기에 붙여진 이름이다. 영국에서 코크스를 사용해 볶은 엷은 색의 페일 맥아로 빚은 페일 에일이 처음 판매된 것은 1690년이었다. 1750년 이후에 페일 에일 스타일의 맥주가 널리 보급되기 시작했고, 양조 기술의 발달과 더불어 1800년대 이후에 페일 에일이 보편화되었다. 이 시기에 버튼온트렌트 지역의 물이 페일 에일 맥주를 양조하는데 가장 적합하다는 것이 밝혀지고, 영국에서 맥주 양조의 중심지는 런던에서 버튼온트렌트로 옮겨가게 됐다.

IPA의 탄생

양조 기술의 발달로 영국에서 페일 에일이 득세하면서, 현재 수제 맥주 열풍의 중심이라고 할 수 있는 인디아 페일 에일IPA도 이 시기에 등장했다. 러시아에 맥주를 수출하면서 오랜 기간 동안 맥주를 보존하기 위해 더 많은 홉을 사용한 임페리얼 스타우트가 만들어졌듯, 인도에 수출하기 위한 맥주로 다량의 홉과 알코올 도수를 높인 인디아 페일 에일도 이 시기에 탄생했다.

영국이 식민지 인도를 수탈하기 위해 설립한 동인도회사는 인도에서 향신료 목화 비단 등 각종 재화를 영국으로 실어 날랐다. 반면 인도에서 온 재화를 내려놓고 다시 영국에서 인도로 향하는 배는 인도에 거주하는 영국인과 유럽인들에게 필요한 물품을 싣고 갔는데, 이때 수출하던 중요 품목 중 하나가 바로 맥주였다. 인도에 거주하는 영국인들은 본국의 맥주를 마시고 싶어했고 이들을 위해 맥주를 인도로 수출했다. 문제는 영국에서 인도로 가는 여정은 적도를 두 번 넘어가는 길고 긴 여정이었고 긴 항해와 적도의 무더운 기후로 인해 맥주가 상하기 쉬웠다. 맥주가 인도에 무사히 도착할 가능성을 높이기 위해 기존의 페일 에일보다 더 많은 홉을 넣고 알코올 도수를 높인 맥주를 보냈는데, 이 맥주가 바로 인디아 페일 에일이다.

사실 인디아 페일 에일은 처음부터 이런 스타일의 맥주를 만들려 한 것은 아니었다. 당시 외국에 수출하기 위해 만든 맥주에는 보존성을 높이기 위해 알코올 도수를 높이고 더 많은 홉을 넣어야 한다는 것은 양조업자 사이에서는 이미 상식으로 자리 잡고 있었다. 또한 지금 우리가 생각하는 것보다 그리 높지 않은 도수인 6% 내외의 포터 맥주도 이미 인도로 수출되고 있었다. 인도에 수출하는 맥주라고 해서 따로 인디아 페일 에일이라는 명칭을 사용한 것도 아니었다. 그저 오랜 항해를 견디기 위해 도수를 좀 더 높이고, 조금 더 많은 홉을 관행적으로 넣은 페일 에일 맥주였을 뿐이다.

런던의 양조업자 호지슨Hodgeson은 1750년대에 인도에 맥주를 수출하기 시작했는데, 이 맥주에 호지슨스 옥토버 비어Hodgeson's October Beer 라는 상표를 붙여 판매했다. 당시 다른 맥주에는 상표를 붙이지 않았기 때문에 호지슨의 맥주가 최초로 상표를 붙인 맥주였다. 상표

페일 에일

를 붙인 맥주는 인도에 거주하는 영국인들에게 새로운 호기심을 불러일으키기에 충분했다. 호지슨이 인도로 수출한 맥주는 적도를 두 번 넘는 긴 항해 동안 숙성되어 맛있는 맥주가 됐다. 같은 배에 실렸던 다른 스타일의 맥주에는 별다른 변화가 없었는데, 특이하게도 호지슨의 맥주는 매우 맛있게 숙성이 됐고, 인도에서 호지슨의 옥토버 비어는 큰 인기를 끌게됐다. 따라서 호지슨의 맥주는 인도 수출을 위해 특별히 만들어졌다기 보다는 긴 항해를 통해 우연하게 만들어졌다고 보는 것이 타당하다.

이후 50여 년 동안 호지슨의 맥주는 인도로 수출되어 엄청난 인기를 누리게 됐다. 하지만 이런 인기는 1821년 이후 급격하게 사그라들게 되는데, 이유는 호지슨의 과한 욕심 때문이었다. 런던 근교의 보우Bow 양조장을 운영하던 호지슨은 인도로 수출하는 맥주 판매 수익을 독점하고자 하는 욕심에 기존 수출 창구였던 동인도 회사를 따돌리고 직접 수출을 시작했다*. 당시 영국에서 인도로 떠나는 배들은 대부분 비어서 출항했으므로 화물 운임이 저렴했고, 동인도회사를 통하지 않고 이들 선박과 직접 거래해 운송료를 절감해 더 많은 이익을 남기려 한 것이다. 아울러 맥주 가격도 20% 인상했다.

동인도회사를 따돌리려 한 시도는 부메랑이 되어 호지슨에게 돌아왔는데, 동인도회사의 반격으로 호지슨의 독점도 끝나게 됐다.

● 이 점에 대해서는 논란이 있는데, 당시 동인도회사가 직접 맥주를 인도로 수출한 것은 아니었다는 주장이 있다. 영국에서 인도로 가는 배에 맥주를 선적하고 간 것은 전적으로 상선 선장 개인 비즈니스 행위였다는 것이고 동인도회사와는 무관했다는 주장이다. 여하간 당시 영국에서 인도로 향하던 선박의 다수는 동인도회사 소속의 선박이었고, 이들은 이스트 인디아맨East indiaman이라 불렸다.

1820년대 들어서서 영국에서 수출되는 맥주에 고율의 관세를 러시아에서 부과하기 시작하자, 러시아 수출을 주력으로 삼던 버튼온트렌트 지역의 양조업자들은 수출이 줄어들어 어려움을 겪게 됐다. 이런 사정을 잘 알고 있던 동인도회사의 고위 간부 캠벨 마저리뱅크스Campbell Marjoribanks는 버튼의 양조업자 새뮤얼 올솝Samuel Allsopp을 저녁 식사에 초대해 인도로 수출할 길을 열어주겠다고 제안한다.

동인도회사로부터 새로운 제안을 받은 올솝은 곧 인도로 수출되던 홉이 많이 들어간 페일 에일을 연구하기 시작했고 얼마 지나지 않아 호지슨의 페일 에일보다 더 맛있는 페일 에일을 만들어냈다. 버튼온트렌트 지역의 물은 맥주의 색과 맛에 영향을 미치는 석고를 많이 함유하고 있어서 런던 호지슨의 페일 에일보다 맛있는 맥주를 양조할 수 있었다. 이후 버튼의 다른 양조장들도 페일 에일 양조에 뛰어들었고 1832년에는 버튼 지역 양조장의 맥주가 런던 양조장을 제치고 대세가 됐다. 인도 시장을 한때 거의 독점했던 호지슨

이스트 인디아맨 선박
영국에서 인도로 맥주를 수출한 동인도회사의 선박을 칭하는 이름이다.

의 시장점유율은 28%로 뚝 떨어졌다.

인도에서 인기를 끌던 IPA 스타일의 맥주는 곧 영국 본토에서도 인기를 얻게 됐다. 하지만 이 맥주가 인디아 페일 에일이라는 명칭으로 불린 것은 인도로 수출을 시작한 이후 한참 시간이 흐른 후다. 영국 본토에서 IPA가 인기를 얻게 된 것은 영국 내륙 교통망이 확장됐다는 사실과, 양조업자간 경쟁이 치열해졌다는 사실과 밀접한 관련이 있다. 일설에 의하면 인도로 수출하는 맥주를 실은 배가 영국 해안에서 침몰하게 되어, 이 배에 실렸던 맥주가 영국 본토에 풀리면서 영국에서도 인기를 얻기 시작했다는 설도 있으나 정확한 사실은 아니다. 그보다는 양조업자들 간 경쟁이 치열해지고, 영국 내륙 철도망이 발달하면서 운송 비용이 크게 저렴해진 요인이 결정적이라고 보는 것이 타당하다.

버튼의 양조업자들은 인도에서의 명성을 내세워서 영국 내에서 판매를 늘려가기 시작했다. 철도의 발달로 운송료가 저렴해지고 양조장들 사이의 경쟁이 치열해졌기에 각 양조장들은 보다 적극적으로 시장의 확장에 나서게 됐다.

가뜩이나 버튼 양조자들의 공격으로 인해 인도 수출에 애를 먹고 있던 호지슨은 상황이 어렵게 돌아가자 판매 전략을 바꾸기로 결정했다. 인도에서 살다가 영국으로 돌아온 사람들이 인도에 대해 가지고 있는 향수를 자극하는 전략을 사용한 것이다. 인도에서 마시던 맥주 맛을 잊지 못하는 사람들을 공략하는 전략으로 위기를 만회하려 했다. 마침 당시 영국은 인도 열풍에 사로잡혀 있던 때였다. 호지슨은 자신의 맥주에 '이스트 인디아 페일 에일East India Pale Ale'이라는 이름을 붙여서 광고하기 시작했다. 곧 인디아 페일 에일 맥주는 영국 전역에서 인기를 끌게 됐고, IPA는 하나의 맥주 스타일로 자리 잡게 됐다.

라거의 득세

영국에서 페일 에일의 인기가 하늘을 찌를 때 독일에서는 훗날 세계 맥주 판도를 뒤흔들 변화가 일어나고 있었다. 독일 뮌헨의 슈파텐Spaten 양조장의 아들인 가브리엘 제들마이어 2세Gabriel Sedlmyr II와 오스트리아 빈의 드레어 양조장의 안톤 드레어Anton Dreher는 1820년대와 1830년대 영국을 방문해 선진 양조 지식을 배웠다. 친구 지간인 이들은 이 기간동안 영국 각지의 양조장을 찾아다니며 선진 기술을 배워서 돌아갔다. 밝은색의 맥아를 만드는 맥아 볶는 기술, 발효 온도를 효과적으로 통제하는 냉각 코일 기술, 온도계, 맥아즙의 당도를 측정하는 비중계 등 앞선 기술로 양조를 하던 영국 양조장에서 선진 양조 기술을 습득한 이들은 독일 특유의 저온발효 기술을 접목해 효율적으로 양조를 하는 방법을 발전시켰다.

영국 방문을 마치고 독일 슈파텐 양조장으로 돌아온 제들마이어는 독일 맥주의 특징인 저온발효 방식의 라거 맥주에 영국의 기술을 접목해 효과적이고 안정적인 라거 맥주를 만들었다. 제들마이어의 양조법은 곧 인근으로 퍼져나갔고 인기를 얻었다. 영국 기술을 접목해서 효율성도 높이고 균일한 맥주를 만들어내기 시작했지만, 몰트는 영국식 페일 몰트가 아닌 기존의 전통적 독일 방식의 몰트를 사용했기에 제들마이어의 맥주는 색이 진한 맥주였다.

제들마이어가 색이 진한 라거 맥주를 양조했던 것에 비해, 빈으로 돌아간 드레어는 영국의 페일 몰트 기술을 적극 활용해 색이 옅은 비엔나 라거를 개발했다. 우리가 알고 있는 밝은색 라거 맥주의 원형에 가까운 라거 맥주가 드디어 탄생한 것이다. 드레어의 비엔나 라거는 제들마이어의 독일 라거에 비해 밝은색 라거였던 것은 틀림없지만, 지금 우리가 마시는 라거에 비해서는 여전히 짙은 색이었다. 밝은 황금색이라기보다 짙은 구릿빛에 가까운 색을 가진 맥주였다. 비엔나 라거는 여러 라거 맥주 중 하나의 스타일로 분류된다. 현재 우리가 마시고 있는 라거 맥주의 진정한 원조는 체코의 플젠에서 만든 필스너Pilsner 맥주다.

플젠의 양조장들은 당시 어려움을 겪고 있었는데, 새로운 돌파구를 찾고자 노력하던 중, 바이에른의 젊은 양조사를 초빙해 새로운 시도를 했다. 독일 바이에른 출신 양조사 요셉 그롤Josef Groll이 보헤미아 작은 도시 플젠의 양조사로 임명되어 부임한 것은 1842년이었다. 그롤은 바이에른의 저온 발효 기법과, 영국에서 건너온 밝은색 맥아 볶는 기술을 사용해 밝은 황금빛 라거를 만들어냈다. 바로 전 세계를 제패한 필스너 라거의 탄생이었다.

플젠 지방의 물은 연수로, 이 물로 양조하면 맥아의 색이 덜 우러나오기 때문에 밝은색 맥주가 만들어졌다. 플젠의 양조장은 넓은 지하 저장고를 갖추고 있어서 맥주를 효과적으로 숙성시킬 수 있었고 유명한 사츠Saaz 홉이 생산되는 지역과 가까웠기에 뛰어난 품질의 홉을 적절하게 공급받을 수 있었다. 이렇게 만들어진 라거 맥주는 곧 전 세계를 점령

필스너 맥주

©lsiwal, wikimedia

수제 맥주 바이블

했고, 지금 우리가 마시는 맥주의 70% 이상을 라거가 차지하는 결과를 가져오게 됐다.

플젠의 대표적 맥주 상표가 필스너 우르켈Pilsner Urquell이다. 필스너 우르켈은 독일어로 오리지널 필스너라는 뜻인데, 라거 맥주의 종가라는 자부심이 맥주 이름에 배어있다. 당시 플젠 지방은 독일어를 사용하는 오스트리아 제국 영토였기에 독일어 명칭이 지금도 사용되는데, 체코어로 필스너 우르켈은 '플젠스키 프라즈드로이'다.

18세기와 19세기를 거치면서 현재 우리가 마시는 맥주 스타일의 대부분인 라거와 에일 맥주의 스타일이 확정됐고, 맥주 양조 기술이 과학화 되면서 맥주의 품질도 일정하게 유지할 수 있게 됐다. 효모의 존재가 알려지지 않았던 시절에 양조업자들은 양조를 마친 잔여물에서 효모를 걷어내어 다시 사용했고 경험적으로 맥주를 발효시키는 신비한 어떤 존재가 있다는 것을 알고 있었다. 하지만 정확하게 어떤 존재가 발효를 일으키는지 알지 못했고 환경과 기술적 제약으로 맥주의 질은 일정하지 못했다.

그러던 중 프랑스의 루이 파스퇴르가 처음으로 효모의 존재를 밝혀냈고, 1876년《맥주에 관한 연구》라는 저서를 통해 맥주 양조에 관해 과학적인 접근 방법을 제시했다. 또한 파스퇴르는 저온 살균법을 개발해 맥주가 변질되는 것을 방지하는 방법을 만들었고, 이는 맥주의 양조와 유통과정에 혁신을 가져오게 된다.

옛날 각 가정에서 주부가 식구들을 위해 양조해서 가족끼리 마시던, 그야말로 문자 그대로 수제 맥주였던 맥주는, 차츰 소규모 가족 기업으로 발전했고, 산업혁명을 거치고 파스퇴르의 연구에 힘입어 맥주 산업으로 발전하게 됐다. 오늘날 맥주 양조는 대부분 다국적 거대 기업 몇몇이 장악하고 있다.

맥주라고 규정될 수 있는 기준은 국가별로 큰 차이를 보이고 있고, 전 세계적으로 다양한 종류의 맥주가 생산되고 있다. 우리나라의 경우 맥아 비중이 10% 이상이면 맥주로 분류한다. 반면 독일은 최근까지도 맥주순수령에 규정되어 있듯 100% 맥아를 사용해야 맥주로 인정받았다. 엄격하게 맥주에 들어가는 재료를 규제한 독일과 달리 벨기에는 수도원 맥주를 중심으로 과일이나 꽃 등 다양한 재료를 사용해 수천 종의 맥주를 생산하고 있다.

우리나라 맥주가 맛이 없다고 하는 이유 중 하나가 주세법 상에서 맥아의 비율을 지나치게 낮게 규정했기 때문이다. 맥아의 비중이 10%만 되면 맥주로 인정받기 때문에 맥아보다 가격이 저렴한 옥수수 같은 다른 재료를 사용해 맥주를 만들었기에 몰트 함량이 높은 유럽 맥주에 비해 몰트의 풍미가 떨어진 것이다.

맥주가 산업으로 발전하고 대규모 양조장이 대량생산을 통해 이윤을 창출하는 다국적 대기업으로 발전하면서 맥주의 스타일도 시대에 따라 변해왔다. 선사시대부터 중세시대까지 맥주는 전통적으로 상면발효 맥주인 에일 맥주였다. 그러나 저온에서 발효하는 하면발효 맥주인 라거가 등장하면서 유통이 비교적 용이하고 깔끔한 맛의 라거 맥주가 상업 맥주로 더 적합하기에 맥주 시장을 점령하게 됐다.

20세기 이후 지금까지 라거 맥주가 여전히 맥주 시장의 절대적 지위를 점유하고 있지만, 최근 들어 크래프트 비어, 즉, 수제 맥주 붐이 일어나면서 다시금 에일 맥주가 각광받고 있다. 처음 1970년대에 미국에서 시작됐고 21세기 들어와서 전 세계적인 트렌드로 자리 잡은 크래프트 비어는 미국이 세계 시장을 주도하고 있다. 따라서 다양한 종류의 크래프트 비어가 미국에서 크게 발달했고 새로운 스타일을 창조하고 유행을 선도하는 곳은 미국이다. 현재 다양한 종류의 맥주를 만드는 소규모 마이크로 브루어리도 미국에서 가장 활발하게 만들어지고 있고, 강한 개성과 실험정신으로 시장을 이끌고 있다.

맥주를 양조하는데 부가물로 옥수수를 넣기 시작한 것은 미국에서 시작됐는데* 신대륙에 풍부한 재료인 옥수수를 활용한다는 의미와 더불어 상업 맥주 양조장에서 저렴한 재료인 옥수수를 이용해서, 원가 절감을 하려는 목적도 큰 이유였다. 따라서 보리 몰트보다 상대적으로 재배하기 쉬운 옥수수가 보편적인 미국에서 맥주의 원료로 옥수수를 사용하기 시작한 것은 어찌 보면 자연스러운 현상인데, 그 결과 미국 맥주는 한국 맥주와 비슷하게 그다지 특징 없는 밋밋한 맛을 가진 맥주가 됐다. 미국의 대표적 상업 맥주인 버드와이저나 밀러의 맛은 딱히 뛰어난 맛은 아니다. 그런 미국이 크래프트 비어 현상을 선도하고 있다는 것은 아마도 개성없는 미국 맥주에 대한 반작용이라고 볼 수 있다.

크래프트 비어의 등장과 발전

20세기 맥주를 전반적으로 규정하자면 대기업 위주의 상업 양조장이 만든 라거 맥주의 시대라고 할 수 있다. 미국에서는 금주법이 오랜 기간 지속되면서 개성있는 소규모 양조장은 거의 자취를 감추었고, 유럽에서도 라거 맥주의 득세로 인해 다른 종류의 맥주는 거의 찾아보기 어려울 지경이 됐다. 물론 영국에서 에일 맥주의 전통이 살아남기는 했고, 벨기에는 수도원 맥주를 중심으로 특유의 개성을 지켜내기는 했다. 독일에서도 밀맥주의 전통이 지켜졌다.

하지만 필스너 라거 맥주가 맥주 시장을 절대적으로 점령했고 다른 종류의 맥주는 겨우 명맥을 유지하는 정도였다.

20세기 후반부에 접어들어서 라거 맥주 일색이던 맥주 시장에 변화의 바람이 불기 시작했다. 1970년대 미국에서 시작된 변화는 처음 시작은 미미했으나 21세기 접어들며 창대해지면서 맥주 시장을 재편하기 시작했다. 크래프트 비어의 시대가 도래한 것이다.

크래프트 비어를 딱 꼬집어 정의하기란 쉽지 않고 기준도 불분명하다. 대체적으로 소규모 양조장에서 생산하는 맥주를 지칭한다고 보는데 이것 또한 정확하지 않다. '작고 독립적이고 전통적인Small, independent, traditional'이라는 정의도 있지만 이 또한 모호하기는 마찬가지다. 복잡한 논의를 떠나서 기존 대형 맥주 회사에서 생산하는 전형적인 맥주에서 벗어나 소규모 양조장의 개성있는 맥주 정도로 이해하면 큰 무리는 없다.

크래프트 비어의 인기는 천편일률적인 상업 맥주가 시장을 점령한 것에 대한 반작용으로 생겨난 측면이 크다. 20세기 내내 대규모 양조회사들이 점령한 맥주 시장에서 엇비슷한 맛의 라거 외에는 선택의 여지가 없었다. 개성 없는 맥주 맛에 식상한 애호가들이 소규모 양조장을 통해 개성 강한 맥주를 생산하기 시작하면서 크래프트 비어가 새로운 트렌드로 떠올랐다고 이해하면 된다. 이 트렌드를 주도한 것은 미국이다.

맥주는 역사적으로 원래 각 가정에서 담궈 마시던 문자 그대로 수제 맥주였으나 맥주가 산업으로 발전하면서 극소수의 대형 맥주 회사들에 의해 시장이 평정되고, 그 결과 엇비슷한 맛의 라거 맥주가 대세를 이뤘다. 미국의 맥주도 원래 다양한 종류의 맥주가 만들어졌지만, 독일계 이민자들이 미국에 이주하며 본국에서 만들던 라거 맥주를 가져왔고, 독일인 특유의 근면함으로 미국 맥주 시장을 평정했다. 대표적인 맥주가 독일계 이민자 아돌프스 부시Adolphus Busch가 설립한 안호이저 – 부시의 버드와이저와 프레데릭 밀러 Frederick Miller의 밀러다.

가뜩이나 라거 맥주가 시장의 대세를 이루던 미국에서 금주법이 시행되면서 그나마 남아있던 개성있는 소규모 양조장들을 거의 몰락시키고 말았다. 자본력이 있던 대규모 양조회사들은 사업 다각화를 통해 금주법이 시행됐던 암울한 시기를 이겨냈지만, 작은 양조장들은 속절없이 문을 닫을 수밖에 없었다. 고난의 시기를 살아남은 소규모 양조장들도 대형 양조장의 공세를 견디지 못하고 문을 닫았는데, 그중 하나가 앵커브루잉Anchor Brewing 양조장이었다.

앵커브루잉은 1896년에 설립된 스팀 맥주* 양조장이었는데, 경영난을 이기지 못하고 1960년대에 문 닫을 위기에 처하게 됐다. 20세기 초 한때 수천 개의 양조장이 성업을 했으나, 금주법 시대를 거치며 1960년대 미국에는 고작 70여 개 양조장만이 살아남았을 정도로 상황이 심각했다. 현재 한국의 맥주 양조장이 100개가 넘는 것을 생각해보면, 당시 미국 양조장들의 경영이 얼마나 어려웠는지 짐작할 수 있다. 몇 번의 위기를 넘기고 가까스로 살아남은 앵커브루잉은 문을 닫았다가 다시 열기를 반복하다가 결국 완전히 문을 닫을 상황에 처했다. 이때 새파란 20대 청년이 불쑥 나타나 앵커브루잉을 인수하겠다고 나섰다.

● 스팀 맥주란 캘리포니아 지방의 양조장에서 맥주를 양조하는 방식을 통칭하는데, 양조장의 천장을 열고 태평양의 시원한 바람으로 맥주즙을 식히는 과정에서 마치 스팀이 발생하는 것처럼 보였기에 이런 이름을 가지게 됐다.

1965년에 프레더릭 루이스 '프리츠' 메이텍 3세Frederick

세계 수제 맥주의 효시라 불리는 앵커브루잉 양조장

Louis 'Fritz' Maytac III(1937년 12월 9일생)가 앵커브루잉 양조장
의 지분 51%를 고작 수천 달러로 인수했다. 평소 앵커 스
팀 비어를 좋아하던 프리츠는 이 양조장이 문을 닫게 됐다
는 소식을 듣고 인수를 결정한 것이다. 프리츠는 미국 유수
의 재벌 회사 메이텍 가문의 아들이었기에 어린 나이였지만
양조장을 인수할 수 있었다. 재벌 아들이 인수한 앵커 스팀
양조장은 미국 크래프트 비어의 효시, 곧 전 세계 크래프트
비어 트렌드의 효시가 됐다. 프리츠가 인수한 앵커브루잉에
서는 미국 맥주 시장을 장악하고 있던 대기업의 천편일률적
라거가 아닌 다양한 종류의 맥주를 개발했다. 처음 시행착오

　　　　　　　　　　　　　　　　　　수제 맥주 바이블

를 겪기도 하고 어려움에 처하기도 했으나 곧 앵커브루잉은 소문을 듣고 찾아오는 사람들이 생길 정도로 인기를 얻기 시작했다.

앵커브루잉을 찾아오는 사람들이 늘어나고 인기를 얻게 됐지만 메이텍은 사업을 확장하는 것에는 부정적이었다. 품질을 유지하기 위해서는 적정 규모를 유지해야 한다는 신념을 지켰고, 늘어나는 수요에 맞춰 규모를 늘리기보다는 경쟁자들에게 양조법을 전수해주는 기발한 방법을 선택했다. 그 결과 크래프트 비어 초창기에 소규모 양조장이 계속 늘어날 수 있도록 기여했으니 진정한 의미의 개척자였다.

앵커브루잉의 소문을 듣고 찾아온 사람들 중에 켄 그로스먼Ken Grossman이라는 인물이 있었다. 그로스먼은 캘리포니아에서 자전거포를 운영했는데, 맥주 양조가 취미였다. 평생 자전거포를 할 생각은 아니었던 그는 언젠가 직접 양조장을 해볼 생각을 가지고 있었다. 앵커브루잉 견학 후 마음을 굳힌 그로스먼은 2년여 기간 동안 준비를 거쳐 친구 폴 카무시Paul Camusi와 함께 1979년 시에라네바다 브루잉 컴퍼니Sierra Nevada Brewing Company를 설립한다.

가족과 친구들에게 빌린 자본금 5만 달러로 빌린 창고에서 그로스먼과 카무시는 양조를 시작했다. 양조 장비는 인근 농장을 돌아다니며 버리는 낙농 설비와 폐품을 모아서 만들었다. 독일 양조장으로부터는 중고 당화조를 구입했다. 양조장 준비과정부터 크래프트 비어 정신에 충실하고 소박하게 시작한 셈이다. 1980년 11월에 시에라네바다는 당시로는 미국에 생소했던 페일 에일 맥주를 처음으로 출시했고, 첫해에 950배럴*을 양조했다. 이듬해에는 두 배의 매출을 올렸다.

● 1배럴Barrel = 117.348리터(117리터)

　시에라네바다는 크래프트 비어에 있어서 가장 중요한 회사라고 해도 과언이 아닌데, 시에라네바다의 페일 에일 맥주가 큰 인기를 얻으면서 드디어 크래프트 비어가 본격적으로 자리 잡게 되는 계기가 됐다고 보기 때문이다. 따라서 시에라네바다의 페일 에일은 곧 크래프트 비어 붐을 일으킨 효시라고 할 수 있다. 2013년 시에라네바다의 맥주 생산량이 1억 배럴을 넘었고, 종업원 수도 1000명이 넘는 대기업이 됐다. 시에라네바다는 현재 미국에서 7번째로 큰 양조회사다. 시에라네바다는 생산량으로 보면 대형 양조회사를 넘어서는 규모로 더 이상 크래프트 비어라고 분류하기가 애매할 정도다.

　앵커브루잉과 시에라네바다를 효시로 1980년대 이후 미국에서 소규모 크래프트 비어 양조장이 우후죽순으로 생겨나기 시작한다. 특히 1988년도 한해에만 무려 56개의 마이크로 브루어리가 설립된다. 맛있는 맥주를 만들어 마시기 위

　　　　　　　　　　　　　　　　　수제 맥주 바이블

해 많은 소규모 양조장이 설립됐지만, 이들이 대기업이 장악하고 있는 미국 맥주 시장에서 살아남고 시장에 정착하는데는 많은 난관이 있었다. 당시 설립된 많은 양조장들 중 현재까지 살아남은 양조장은 그리 많지 않다.

안호이저 부시, 밀러, 쿠어스와 같은 대기업이 장악하고 있는 유통망을 뚫고, 크래프트 비어가 자리 잡는다는 것은 미국이라는 거대한 시장에서도 쉬운 일은 결코 아니었다. 특히 미국의 일반 소비자들에게 크래프트 비어는 생소했고 인식도 제대로 자리 잡지 못했기에 초창기 미국 마이크로 브루어리들은 많은 시행착오를 겪었다. 현재 우리나라에도 수입되어 국내 수제 맥주 팬들에게도 익숙한 브랜드인 브루클린 브루어리, 구스 아일랜드, 노스 코스트 등의 양조장이 1980년대 크래프트 비어 양조장 설립 붐이 불 때 설립되어 자리 잡은 대표적인 크래프트 비어 양조장들이다.

1980년대에 설립된 크래프트 비어 양조장들은 많은 어려움을 겪었고, 몇몇 양조장을 제외하고는 대부분 역사의 뒤안길로 사라졌다. 90년대 들어서며 새로운 마이크로 브루어리들이 생겨났고, 이들이 다양한 크래프트 비어를 양조하기 시작했다. 대중들도 서서히 크래프트 비어의 매력을 알기 시작했고, 소규모 양조장들이 생산하는 맥주가 시장에서 자리 잡기 시작했다. 한국에서도 유명한 발라스트 포인트, 로스트 코스트, 스톤 브루잉, 도그피시 헤드, 플라잉 도그 등의 양조장들이 이 시기에 설립됐다.

1990년대 중반을 넘어가며 크래프트 비어가 하나의 트렌드로 자리 잡고, 마이크로 브루어리들이 약진하면서 대규모 자본이 크래프트 비어에 투입되기 시작한다. 이 시기에 들어서면서 맥주 대기업들은 적극적으로 개성 강한 소규모 양조장을 인수합병하기 시작했다. 상당히 많은 소규모 양조장이 대기업에 인수합병됐고, 한국 시장에서도 친숙한 구스 아일랜드나 발라스트 포인트와 같은 크래프트 비어 양조장은 현재 대기업 소유의 양조장이 됐다. 다행스러운 것은 대기업에 인수된 후에도 자율성을 보장받아서 기존의 개성 있는 맥주 맛을 유지하고 있다는 점이다. 대기업이 크라프트 맥주 양조장을 인수한 이유는 물론 그런 개성 있는 맥주 브랜드를 소유하기 위한 것이니 성공적인 마케팅 측면에서도 자율성을 보장해주는 것이 당연한 일이기는 하지만.

미국에서 일어난 크래프트 비어 붐은 곧 전 세계로 퍼져나가게 된다. 에일 맥주의 종주국 영국에서도 라거 맥주 시장 점유율이 매우 높았는데, 크래프트 비어 붐을 타고 다시금 에일 맥주가 인기를 얻기 시작했다. 에일 맥주의 나라답게 다양한 마이크로 브루어리가 맛있는 맥주를 만들고 있다. 미국의 크래프트 비어 양조장들이 당시 라거 일색이던 미국 맥주 시장에서 시도한 것은 주로 에일 맥주였는데, 이들 맥주는 전통적인 영국 에일 맥주와 차이가 있는 미국식 에일 맥주였다. 미국발 에일 맥주는 거꾸로 종주국 영국에 영향을 미쳐 영국에서도 기존의 전통적 영국식 에일 맥주와 또 다른 개성 강한 맥주를 만들기 시작한 것이니 세상은 돌고 도는 것이 이치이다.

21세기 들어서며 거세지기 시작한 크래프트 비어 열풍은 이제 전 세계적인 현상이 됐다. 어디를 가건 크래프트 비어를 내놓는 펍을 찾을 수 있으며, 한국에서도 수제 맥주집을 찾는 일이 어렵지 않다. 세계적으로 유명한 집시 양조자*인 미켈러Mikeller는 태국 방콕에 지점을 낼 정도로 세계 어디에서든 크래프트 비어를 만날 수 있다.

 ● 집시 양조는 자신의 양조장을 갖지 않고, 여러 양조장을 돌아다니며 자신의 레시피로 맥주를 만드는 것을 의미한다. 덴마크의 미켈러가 집시 양조의 시초라 할 수 있는데, 그는 전 세계를 돌아다니며 맥주를 만들고 있다.

2018년 크래프트 비어를 양조하는 한국의 양조장은 100여 개가 등록되어 있다. 2009년 주세법이 개정되기 이전에는 대규모 시설을 갖춘 양조장만이 맥주를 양조할 수 있었기에 원천적으로 소규모 맥주 양조장은 설립 자체가 불가능했다. 법이 개정되어 소규모 양조장에서 맥주를 생산할 수 있게 된 후 많은 마이크로 브루어리가 생겨났다가 사라졌고,

지금도 계속 새로운 양조장이 생겨나고 있다. 이들 중에는 마이크로 브루어리 수준을 벗어나서 큰 규모를 갖춘 양조장이 된 경우도 있다. 세븐브로이는 상당히 큰 규모의 기업이 됐고, 한국 수제 맥주의 효시격인 카브루는 탄탄하게 자리 잡아서 크래프트 비어 문화 형성에도 힘쓰고 있다. 플래티넘 같은 중규모 양조장은 많은 펍에 맥주를 공급하는 중견기업이 됐고, 플레이그라운드와 같은 브루펍 개념의 양조장은 뛰어난 맛으로 맥주 마니아들에게 호평받고 있다.

PART 02
맥주가 바꾼 세상

맥주가 인류 역사에 미친 영향은 지대하다. 일개 맥주에 너무 거대한 의미를 부여한다고 할지 모르겠으나, 극단적으로 말해서 맥주가 없었다면 현재의 인류가 존재하지 못했을지 모른다. 맥주는 그만큼 인류의 발전과 밀접한 관계를 맺고 있다. 앞서 맥주의 역사에서 살펴봤듯 수렵 생활을 하던 원시 인류는 맥주를 만들기 위해 정착해 농경 생활을 시작하게 됐으니, 인류 문명의 역사는 곧 맥주로 인해 시작됐던 것이다. 맥주는 인류가 번성해 만물이 영장이 되는 과정에 있어서 여러 측면을 통해 기여했다. 맥주가 어떻게 세상을 바꾸었는지, 인류는 맥주를 통해 어떻게 발전해왔는지, 소소한 에피소드를 중심으로 짚어본다.

맥주 안경

인간 본성 중에서 가장 강력한 본성이 번식 욕구다. 도킨스는 인간이라는 존재 자체가 DNA가 자기 복제를 위해 사용하는 번식 기계라고 해석하기도 할 정도니 번식은 인간의 근본적 본성이다. 우리가 이성에게 매력을 느끼는 이유는 번식을 위한 본능적 욕구를 가지고 있기 때문이다. 그런데 남자와 여자가 가지고 있는 성적 특성으로 인해 매력을 느끼는 포인트가 다르고 구애의 전략도 크게 차이가 있다.

남녀 모두 짝짓기라는 의식은 본능적이고 가장 중요한 행위이기에 매우 까다로운 과정을 거치게 된다. 임신할 수 있는 가임기가 따로 있고, 그 기간에 확실한 사인을 보내는 다른 동물들과 달리 인간은 그런 두드러진 특징이 없기에 매우 복잡한 짝짓기 전략을 동원해야 한다. 잘못된 사인의 해석으로 인해 종종 남녀간 오해와 갈등을 빚기도 한다. 다른 동물들과 달리 매우 복잡한 과정인 인간의 짝짓기는 따라서 번식이라는 측면에서 보자면 다른 종에 비해 매우 불리한 조건이다. 그럼에도 불구하고 인류는 가장 번성하는 종인데, 여러가지로 짝짓기에 불리한 조건을 가진 인류가 번성하게 된 이유 중 하나로 맥주를 꼽을 수 있다. 바로 맥주 안경 가설로 대표되는 맥주의 역할이다.

맥주 안경Beer glass 가설은 맥주를 마신 사람은 그렇지 않은 사람에 비해 더욱 이성에 끌리고 매력을 느낀다는 가설이다. 이것은 인류 역사에 있어서 매우 중요한 사실인데, 복잡하고 까다로운 짝짓기 전략으로 인해 좌절하기 쉬운 남녀들에게 보다 수월한 짝짓기를 가능하게 해주기 때문이다. 우월한 매력의 소유자들이야 이성을 유혹하는데 큰 문제가 없겠지만 절대 다수의 평범한 사람들에게 맥주가 사랑을 이룰 기회를 높여준다는 것은 과학적으로 입증된 사실이다.

영국 글래스고 대학교의 심리학자들은 맥주 안경 효과에 대해 과학적인 측정을 시도했다. 술에 취한 학생에게 몇 장의 얼굴 사진을 보여주고 사진 속 얼굴이 얼마나 매력적인지 7점 척도의 점수를 매겨달라는 실험을 진행했다. 6잔 이상 술을 마신 집단이 이성에 대해 후한 점수를 주었다. 술을 마신 여성은 술을 마시지 않은 여성들보다 남성의 얼굴 사진에 더 후한 점수를 주었다. 남자들도 마찬가지로 여성의 얼굴에 더 후한 점수를 준 집단은 술을 적당히 마신 집단이었다.

이 실험은 맥주가 이성과의 관계를 더욱 원활히 해준다는 사실을 입증한다. 이것은 곧 맥주가 사회성을 높인다는 것을 의미하고 결국 맥주는 인간관계, 특히 이성과의 관계를 증진시키는 촉진제임을 밝혀준다. 여성의 경우 이성 파트너를 선택하는데 있어서 남성보다 훨씬 더 까다롭고 신중하다. 맥주는 이런 심리적 방어기제를 어느 정도 해제하고 남성을 좀 더 매력적으로 보이게 만들기 때문에 남녀관계가 촉진되는데 매우 중요한 역할을 한다. 술자리에서 남자들이 여자들에게 술을 권하는 행위는 다분히 이런 효과를 염두에 둔 전략적 행위인 것이다.

맥주는 상대방을 매력적으로 보이게 할 뿐 아니라, 자신감도 상승시킨다. 프랑스와 미국, 네덜란드에서 학자들은 맥주가 자신감을 상승시키는지를 알아보는 실험을 진행했고, 혈중 알코올 농도가 높을수록 사람들은 자신을 더욱 매력적이고 긍정적이며 독창적이고 재미있는 사람이라고 생각한다는 사실을 발견했다. 맥주가 주는 이런 효과는 산업화가 진행되며 여러 사람이 도시에 몰려 살기 시작하면서 야기됐을 인간관계에 대한 문제를 해소하는데 상당히 기여했다.

한정된 공간에 많은 인구가 몰려 살면서 인류는 개인이 필요한 충분한 공간을 제대로 확보하지 못하게 됐다. 좁은 공간에 많은 사람이 몰려 산다는 것은 매우 큰 스트레스를 받는 일이고 사람들 사이의 갈등을 유발하기에 대도시는 살기 어려운 장소가 될 수밖에 없다. 도시가 안고 있는 이런 근본적인 문제점을 극복할 수 있게 해준 것은 바로 맥주다.

맥주는 좁은 공간에 많은 사람들이 몰려있는 상황에서 오는 스트레스를 극복하고, 자신감을 상승시켜 긍정적인 대인관계를 맺는데 효과적인 윤활제 역할을 톡톡히 하고 있다. 맥주가 없었다면 우리가 살고 있는 도시는 매우 황폐하고 삭막한 공간이었을 것이다. 맥주는 많은 사람들이 좁은 공간에 있어도 큰 스트레스 없이 견딜 수 있게 만들어준다. 엘리베이터에 같이 탄 낯선 두 사람은 극도로 불편함을 느끼지만, 비좁은 술집에 많은 낯선 사람들이 다닥다닥 붙어있어도 맥주잔을 앞에 놓고 있다면 훨씬 더 편안한 기분이 된다.

물론 맥주 안정 효과가 항상 긍정적인 것만은 아니다. 사람의 심리에 미치는 맥주의 영향은 긍정적인 측면이 있지만, 과음을 했을 때 신체에 미치는 부정적인 영향에 관한 연구들은 차고 넘친다. 과도한 음주로 인해 발생하는 여러 사건 사고에 관한 기사도 항상 언론에 보도되고 있다. 맥주는 적당히 마셨을 때 인류 번영에 도움을 주는 것이지, 과도하게 마셨을 때는 오히려 부작용을 일으킬 가능성이 높다.

과도한 알코올 섭취에 따른 부작용을 경계해야 하지만, 그렇기에 맥주는 다른 알코올 음료보다 더 훌륭한 음료다. 곡주가 가지고 있는 풍부한 영양소와 더불어 맥주의 알코올 농도는 그다지 높지 않다. 와인이 14% 내외의 알코올 함량을 가지고 있는 반면에 맥주는 통상 5% 내외의 알코올 도수를 가지고 있다. 알코올 함량이 높지 않기에 그만큼 심각하게 취할 가능성이 상대적으로 덜하다. 물론 개인적인 성향과 자제력의 차이가 크겠지만, 맥주는 적당하게 취해서 인간 관계의 윤활유가 되는 역할을 할 가능성이 더 높은 발효 음료인 셈이다. 더불어 효모가 살아있는 생맥주의 경우 건강에 도움되는 여러 영양소를 취할 수 있으니 일석이조다.

맥주와 교회

맥주의 발전에 있어서 교회의 역할이 상당히 컸다는 사실은 앞서 맥주의 역사에서 기술한 수도원의 역할을 보면 잘 알 수 있다. 교회는 얼핏 맥주보다 와인과 더 밀접한 관계를 맺고 있는 것처럼 보인다. 성경이 맥주보다 와인을 더 중요시한 것은 사실이다. 예수가 기적을 행할 때 물을 맥주로 바꾸지 않고 와인으로 바꾼 것은 성경이 맥주에 대해 어떤 인식을 가지고 있는지 잘 나타내고 있다.

유럽 남부에서는 성경의 가르침과는 관계없이 와인을 선호하고 맥주를 천시했다. 남유럽의 기후는 와인을 만드는 포도 재배에 적합하고 일찌감치 와인 문화가 발달했기에 나타난 자연스런 현상이다. 그리스인들은 와인을 신이 내려준 선물이라 여기고 맥주는 야만인의 음료로 취급했다. 따라서 그리스 문헌에는 맥주를 야만적으로 기록한 내용이 주를 이룬

다. 그리스인들이 맥주에 대해 갖고 있는 부정적 인식은 로마인에게로 고스란히 계승됐다. 맥주에 대한 이런 인식은 4세기에 로마가 기독교를 국교로 삼으면서 심화됐다. 와인이 기독교와 그리스 로마인 모두에게서 지지를 얻은 발효 음료였기에 편견은 더욱 심화되고 고착화됐다. 5세기경 알렉산드리아의 성 키릴로스Kyrillos는 맥주를 가리켜 불치병을 유발하는 이집트인의 차갑고 탁한 음료라고 폄하했다. 반면 와인은 사람의 마음을 기쁘게 하는 음료로 찬양했다. 이런 전통은 지금까지도 상당 부분 살아남아서 와인은 세련되고 고급진 이미지로, 맥주는 거칠고 급이 떨어지는 이미지를 갖게 됐다.

와인을 선호하고 맥주를 폄하한 로마인들은 유럽 각지를 정복해 나가면서 이런 인식을 널리 퍼뜨렸는데, 주로 맥주를 마셨던 유럽 북부의 귀족들은 차츰 이런 편견에 동화되어 와인을 마시게 됐다. 반면 서민들은 여전히 맥주를 마셨고 이에 따라 계급에 따른 알코올 음료의 분화가 심화됐다.

로마 제국의 영토가 확장되어가고 기독교가 전파되면서 와인의 위상은 더 높아가고 맥주의 위상은 곤두박질쳤는데, 예외가 있었으니 바로 아일랜드다. 영국에 진출한 로마는 스코틀랜드까지 점령하고 나서는 당초 기대했던 만큼의 실익이 없자 아일랜드는 그대로 놔뒀다. 덕분에 아일랜드는 맥주의 전통을 고스란히 지킬 수 있었다.

5세기경 성 패트릭St. Patrick(385~461)이 기독교를 전파하기 위해 아일랜드로 건너갔다*. 영국 태생이기는 하지만 로마 점령하에서 로마 문화의 영향을 받았을 성 패트릭이 맥주를 좋아했는지는 기록이 없어서 알 길이 없지만, 성 패트릭은 아일랜드의 맥주 전통을 존중했다. 맥주 문화로서는 천만다행스럽게도 성 패트릭의 맥주에 대한 관대한 태도는 아일랜드의 맥주 문화가 기독교와 자연스럽게 결합할 수 있도록 했다. 따라서 아일랜드 기독교에서는 맥주의 전통이 살아남았다.

 ● 지금도 성 패트릭 데이St. Patrick's Day는 아일랜드의 주요 축제 중 하나인데, 성 패트릭이 죽은 날인 3월 17일을 기리는 의미에서 시작됐다. 아일랜드 본토는 물론이고 아일랜드 출신 사람들이 많이 거주하는 곳에서는 어김없이 열리는 축제로 아이리시 문화를 상징하는 날이기도 하다.

기독교가 전파된 이후 아일랜드는 곧 독실한 기독교 국가가 됐고, 유럽 전역에 선교사를 가장 많이 파견하는 국가가 됐다. 아일랜드 교회가 지켰던 맥주에 대한 전통은 선교를 떠난 아일랜드의 선교사들에 의해 유럽 전역으로 퍼져나갔다.

맥주의 전통을 간직하고 유럽 대륙에 파견된 아일랜드의 선교사들 중 의미있는 족적을 남긴 두명은 성 콜롬바누스St. Columbanus와 성 갈렌St. Gallen이다. 성 콜롬바누스는 엄격하게 교리를 지키는 것으로 유명했는데, 예외적으로 맥주에 관해서는 아일랜드 출신답게 관대한 태도를 견지했다. 콜롬바

수제 맥주 바이블

트라피스트 맥주

누스는 예수의 기적을 재현해 보였다고 전해지는데, 빵 두덩어리와 맥주를 모든 사람에게 배불리 먹고 마시게 하는 기적을 보여줬다.

유럽의 맥주 전통에 더욱 큰 영향을 미친 사람은 콜롬바누스를 수행하다가 스위스에 정착한 성 갈렌이다. 성 갈렌의 사후에 그를 기념해 수도원이 건립됐는데, 아일랜드 수도원의 전통을 따라 건축됐다. 당연하게도 수도원에는 맥주 양조를 위한 양조장과 제반 설비 시설이 포함되어 있었고, 820년에 작성된 성 갈렌 수도원의 설계도는 향후 유럽 수도원 설계의 기반이 되었다. 성 갈렌 수도원에는 맥주 양조장 3개가 있었고, 각각의 양조장은 수도사용 맥주, 손님 접대용 맥주, 그리고 순례자와 구걸하는 사람들을 위한 맥주를 양조하도록 만들어졌다.

수도원에서 맥주를 양조하는 전통은 그 후 오랜 기간 유지됐고, 맥주 양조 기술이 체계적으로 발달하게 된 것에는 수도원의 역할이 상당히 컸다. 지금도 벨기에와 몇몇 국가에서는 수도원 맥주인 트라피스트 맥주가 만들어지고 있다. 벨기에 트라피스트Trappist 맥주는 하나의 맥주 스타일로 분류될 정도로 유명하다. 트라피스트 맥주는 트라피스트 수도회에 속한 11개 수도원의 양조장에서 생산된 맥주를 의미한다.

일반적으로 트라피스트 수도원의 양조장에서 개발한 스타일인 두벨, 트리펠, 쿼드루펠 맥주가 전형적이고 대표적인 트라피스트 맥주다. 이 스타일들은 수도원이 아닌 일반 상업 양조장에서도 모방해 생산하고 있다. 다만 트라피스트 맥주라는 명칭은 오로지 인가받은 11개의 수도원*에서 생산한 맥주에만 붙일 수 있다. 따라서 두벨이나 트리펠, 쿼드루펠이라는 명칭이 라벨에 붙어있다고 해서 모두 트라피스트 수

성 갈렌 수도원

수제 맥주 바이블

도원 맥주인 것은 아니다. 일반적으로 수도원 맥주 혹은 애비 비어Abbey Beer는 수도원의 허가를 받아서 민간 양조장에서 생산하는 맥주를 의미하며 벨기에의 레페와 같은 맥주가 대표적인 애비 비어이다.

교회, 특히 베네딕토회에서 분리되어 나온 트라피스트 수도원의 맥주는 종교의 교리와 결합해 맥주 양조의 전통을 지금까지 지켜오고 있으니, 성경에서 맥주보다 와인을 더 중요시 여겼다는 사실을 생각해보면 다소 아이러니한 일이다. 이렇듯 유럽의 교회가 맥주를 발전시키는데 있어서 아일랜드의 기독교가 맥주 전통을 지켜온 것이 절대적 역할을 했는데, 만일 성 패트릭이 아일랜드에 기독교를 전파하며 현지의 맥주 전통을 존중하지 않았더라면 지금 우리가 마시는 맥주는 제대로 살아남지 못했을지도 모른다.

맥주는 종교개혁에도 결정적인 역할을 했다. 마틴 루터 Martin Luther는 1483년 독일의 소도시 아이슬레벤에서 태어났는데 이 도시 사람들은 독일 사람들답게 와인을 마시지 않고 맥주를 마셨다. 마을 분위기가 그러니 마틴 루터도 당연히 친구들과 어울려 술집에서 맥주를 즐겨 마셨다. 1508

년 루터는 비텐베르크 대학교에 진학했는데, 비텐베르크는 작센 주의 맥주 수도로 불리는 고장이었다. 주민 수가 2000명에 불과한 소도시인 비텐베르크에 양조장이 무려 172개나 있었다. 마틴 루터는 운명적으로 맥주와는 떼려야 뗄 수 없는 관계였던 셈이다. 비텐베르크에서 신학박사 학위를 받은 루터는 신학 교수로 임명됐고, 잘 알려진 바와 같이 카톨릭 교회의 폐단을 비판한 95개조의 성명을 발표하며 종교개혁의 시동을 걸었다.

루터의 성명문은 곧 유럽 각지로 빠르게 퍼져나갔는데, 공교롭게도 독일, 네덜란드, 영국, 스칸디나비아 등 모두 맥주를 마시는 지역에서 호응을 얻었다. 루터의 성명이 빠르게 퍼져나가자 위협을 느낀 로마 교황청은 루터를 파문했고, 루터는 작센 영주 프리드리히 3세Friedrich III의 도움으로 겨우 목숨을 부지할 수 있었다.

교황청으로부터 파문당한 루터는 1521년 보름스 제국 의회에서 자신의 입장을 변론하는 기회를 갖게 되었다. 루터는 평소 아인베크 맥주를 즐겨 마셨는데, 절친한 사이였던 에리히 1세는 중요한 변론을 앞에 둔 루터를 위해 보름스로 아인베크 맥주를 보내주었다. 변론을 하기 전, 루터는 마음을 가라앉히기 위해 아인베크 맥주를 마시고 변론장에 들어섰고, 호소력 강한 변론으로 참석자들을 감동시켰다. 비록 자신의 파문을 철회시키지는 못했지만 루터의 주장은 유럽 전역으

수제 맥주 바이블

로 퍼져나가 종교개혁을 이루게 됐고, 루터는 종교개혁을 일으킨 인물로 길이 남게 되었으니 맥주가 기독교에 미친 영향은 실로 지대하다 하겠다.

이후 루터는 비텐베르크로 돌아와서 자신이 좋아하는 맥주를 마시며 지냈는데, 얼마나 맥주를 사랑했는지 자신의 전용 맥주잔에 십계명, 사도신경, 주기도문이라고 이름을 붙여놓고 맥주를 마셨다.

마틴 루터는 한때 수녀였던 카타리나 폰 보라Katarina von Bora와 결혼했는데, 그녀는 수녀원에 있을때 맥주를 빚는 양조사였다. 이들의 결혼식에는 440리터의 맥주가 준비되었다고 하니, 맥주 양조사와 결혼을 한 마틴 루터의 맥주 사랑은 그야말로 신이 정해준 운명이었다.

독일 술집에서는 지금도 "맥주를 마시면 잠을 잘 자고, 잠을 잘 자면 죄를 짓지 않으며, 죄를 짓지 않으면 천국에 간다"는 속담이 벽에 쓰여있는 것을 볼 수 있는데, 마틴 루터가 한 말이라는 속설이 있다. 어쨌거나 종교개혁을 선도한 마틴 루터가 대단한 맥주 애호가였던 것은 틀림없는 사실이고, 공교롭게도 프로테스탄트와 가톨릭 즉 신교와 구교를 가른 경계선은 대체적으로 맥주를 마시는 지역과 와인을 마시는 지역의 경계선과 일치했다. 곧 맥주를 마시는 지역에서 프로테스탄트가 자리 잡았으니 맥주가 기독교에 미친 영향은 결코

간과할 수 없다고 하겠다.

맥주에 필수적으로 들어가는 재료인 홉 또한 교회와 밀접한 관계가 있다. 홉의 사용에 대한 최초의 기록은 코르비 수도원에서 나왔고, 역시 코르비 수도회의 힐데가르트 폰 빙엔이 저술한 《자연학Physica》에서는 홉을 술에 넣으면 홉의 쓴맛이 부패를 막고 보존성을 높인다고 기술하고 있다. 자연스럽게 힐데가르트는 훗날 홉 재배인의 수호성녀가 됐다. 당시에는 맥주에 홉보다는 그루이트라는 허브를 주로 사용했는데, 홉의 특성과 비슷한 성질을 가진 그루이트는 수도원에서 독점 사용권을 가지고 있었다. 독점 사용권을 가진 수도원은 맥주 양조인에게 돈을 받고 그루이트를 사용하도록 허가했다. 그루이트 이용권은 일종의 맥주세로서 가톨릭 교회에 막대한 수입을 안겨주었다.

그루이트를 사용하기 위해서는 교회에 이용료를 지불해야 했던 반면에 홉은 공짜였다. 당연히 양조장에서는 세금을 줄이기 위해 그루이트보다는 홉을 더 선호했고, 이내 홉의 사용이 보편화되면서 교회의 수입이 줄어들었다. 더불어 마틴 루터가 교회의 폐단을 통렬히 지적한 95개조의 성명문을 발표하자 교회는 그루이트 이용권 사업을 접을 수밖에 없었다. 이렇듯 종교개혁에 있어서 맥주는 의도치 않게 큰 기여를 한 셈이다.

한국의 개신교는 맥주뿐 아니라 음주 자체를 죄악시하는
데, 물론 과도한 음주는 자제하는 것이 맞겠지만, 음주 자체
를 부정하는 것은 개신교의 전통에는 맞지 않다. 루터 본인
부터 맥주 예찬론자였고, 교회가 맥주 발전에 지대한 공헌을
한 것을 감안하면 오히려 현대 기독교는 전용 맥주잔에 주기
도문이라는 이름을 붙이고 마실 정도로 맥주 애호가였던 루
터의 전통으로 돌아가는 것을 고려해봐야 하지 않을까 싶다.

호빗도 사랑한 에일 맥주

소설 《반지의 제왕》을 보면 프로도와 호빗 일행은 긴 여
정 중에 에일 맥주를 즐겨 마신다. 반지의 제왕 작가 J. R. R.
톨킨Tolkien 자신이 에일 맥주를 즐겨 마셨기에 그의 작품에
등장하는 인물들이 에일 맥주를 즐기는 것은 당연한 일이다.
프로도와 호빗들이 위기에 처한 중간계를 구하기 위한 여정
을 떠나 도착한 첫 마을 브리에서 묵은 숙소인 '깡총거리는
망아지Prancing Pony'에 딸려있는 펍에 대한 묘사는 전통적인

영국 펍의 모습 그대로다. "불빛에 눈이 익숙해지자 프로도는 그곳에 모인 무리가 많고 여러 족속이 뒤섞여 있다는 사실을 알 수 있었다. 불빛은 주로 활활 타오르는 장작불에서 나오고 있었다. 들보에 매달린 등잔 세 개는 자욱한 담배 연기에 가려 흐릿했기 때문이다."

프로도는 깡총거리는 망아지 펍에서 삼촌 빌보 배긴스가 좋아했던 노래를 부르게 되는데, 맥주를 찬양하는 대목이 있다. "유쾌하고 오래된 주막이 있다네 / 어느 오랜 잿빛 언덕 아래 / 거기서는 맛좋은 술을 빚어 / 밤이면 달나라 사람들도 내려와 / 마음껏 마신다네. There is an inn, a merry old inn / beneath an old grey hill / And there they brew a beer so brown / That the Man in the Moon himself came down / one night to drink his full."

《반지의 제왕》 한국어판을 보면 번역하는 과정에서 비어라는 단어를 단순하게 '술'로 번역한 부분이 많다. 번역자가 영국에서 맥주가 뜻하는 사회적 맥락을 간과한 듯하다. 위 문장도 한국어판 소설에서는 'beer so brown'을 단순히 술로 번역했다. 소설 속 호빗들과 난쟁이들은 에일 맥주 뿐 아니라 포터와 벌꿀주도 자주 마신다. 빌보 배긴스의 노래에 묘사된 맥주는 매우 진한 갈색의 맥주이니 영국의 에일 맥주임이 틀림없다. 톨킨이 에일 맥주를 좋아해서 작품에 에일 맥주가 등장하는 것은 자연스러운 일이고, 영국 펍의 분위기를 물씬 풍기는 장소가 소설에 등장하는 것도 당연한 일이다.

영국의 펍은 퍼블릭 하우스Public house의 줄임말이다. 퍼블릭 하우스라 불린 것은 영국 상류층 남자들의 폐쇄적 사교 공간인 '클럽'과 대비되는 상대적인 개념인데, 누구에게나 오픈된 공간이 펍이다. 곧 서민들의 사교 공간이 펍이었다.

지금이야 많이 바뀌었지만, 과거에는 서민들의 장소인 펍에 상류층 신사가 드나드는 일은 거의 없었는데, 예외가 있었으니 바로 대학가의 펍들이었다. 상류층 학생들과 교수들이 함께 어울리는 장소를 펍이 제공했다. 이런 대학가의 펍들 중에서 특히 옥스퍼드 대학교 학생들에게 "버드Bird"라는 애칭으로 불리던 펍, 이글앤차일드The Eagle and Child는 톨킨이 자주 드나들며 에일 맥주를 마시며 반지의 제왕을 구상했던 장소로 특별한 의미를 갖는다.

이글앤차일드 펍에는 20년 이상 단골로 드나들며 맥주를 마시며 토론을 진행한 '잉클링스The Inklings'라는 특별한 모임이 있었다. 이 모임에는 톨킨을 비롯하여 문학에 관심있는 인사들이 참여했는데, 《나니아 연대기》의 작가 루이스C.S. Lewis도 멤버였다. 역시 잉클링스의 멤버였던 루이스의 형 워렌Warren의 회고에 의하면, 잉클링스는 엄밀하게 말해서 정식 클럽이나 문학 연구회라고 하기는 어렵고, 특별한 규칙이나 정해진 주제도 없는 매우 자유로운 모임이었다. 모임의 주된 목적은 아직 발표하지 않은 원고를 서로 읽어주는 것이었다. 모임의 이름인 잉클링스는 옥스퍼드 학부생인 에드워드 린Edward Tangye Lean이 1931년에 창시한 모임의 이름에서 유래했는데, 에드워드 린이 옥스퍼드 대학교를 떠나고 나서 톨킨이 모임의 명칭을 가져와서 사용했다.

잉클링스는 목요일에는 루이스의 연구실에서 모임을 했고 화요일에는 이글앤차일드 펍에서 맥주를 마시며 모임을 가졌다. 전형적인 영국 펍인 이글앤차일드에는 방이 여러개 있었고, 잉클링스가 모임을 갖던 방에는 벽난로가 있었다. 프로도와 호빗이 에일 맥주를 마시던 펍의 묘사가 어디에서 왔는지 짐작하게 하는 부분이다. 잉클링스의 멤버들은 이글앤차일드에서 맥주를 마시며 서로의 작품을 다듬어 주었고, 그 결과 영국 문학의 기념비적인 판타지 작품들인 반지의 제왕과 나니아 연대기가 탄생할 수 있었다.

잉클링스는 단골 펍인 이글앤차일드가 내부 공사를 하자 길 건너 램앤플래그Lamb and Flag로 단골 펍을 옮겨서 모임을 지속했다. 이쯤 되면 에일 맥주와 펍이 영문학 발전에 결정적인 역할을 했다고 말해도 무리가 없다. 활활 타는 벽난로의 장작 불빛을 둘러싸고 담배 연기 자욱한 펍에서 톨킨과 루이스와 잉클링스 회원들이 중간계의 엘프와 고대 서사에 관해 에일 맥주잔을 기울이며 토론한 시간이 없었다면, 《반지의 제왕》과 《나니아 연대기》는 이 세상에 존재하지 못했을 수도 있으니 말이다.

파스퇴르의 맥주

과거의 맥주 양조가들은 효모의 존재를 알지 못했지만 맥주를 발효시키는 어떤 존재가 있으리라는 것은 경험적으로 알고 있었다. 맥주 양조 과정은 전적으로 과거로부터 전해 내려온 경험에 의해 결정된 것이었지, 과학적인 방법을 체계적으로 적용한 것은 아니었다. 이렇게 주먹구구식으로 이뤄지던 맥주 양조를 체계적이고 과학적인 방법으로 정립한 것은 바로 루이 파스퇴르다. 그가 집필한 400쪽에 달하는 방대한 책 《맥주에 관한 연구Etudes sur la biere》가 1876년 출판되자 이 책은 곧 전 유럽 맥주 양조가들의 교본이 됐다. 그가 맥주에 미친 영향은 라거 맥주 효모를 그의 이름을 따서 사카로미세스 파스토리아누스Saccharomyces Pastorianus로 명명한 것에 잘 나타난다.

맥주 발전에 결정적으로 이바지한 파스퇴르였지만 사실 그는 맥주를 좋아하지 않았다. 맥주는 물론이고 다른 술도 별로 즐기지 않았던 파스퇴르가 어떻게 맥주 발전에 결정적인 기여를 하고 맥주 효모에 그의 이름까지 붙게 됐을까? 아이러니하지만 파스퇴르가 맥주를 연구하게 된 것은 사실 맥주와는 별 관계가 없고, 오히려 뜬금없지만 정치와 관계가 있다.

프랑스는 독일(당시 프로이센)과 1870년부터 1871년까지 전쟁을 치렀는데, 무참하게 패배했다. 보불전쟁의 결과 프랑스 최고 홉 생산지인 알자스-로렌 지방을 독일에 넘겨주게 됐다. 보불전쟁은 프랑스에게 엄청난 타격을 주었다. 표면적으로는 스페인 왕위 계승을 둘러싼 갈등이었지만 사실은 세력을 넓혀 가던 독일과 이를 견제하는 프랑스 사이에서 피할 수 없는 전쟁이기도 했다. 원인이야 어찌됐건 프랑스가 먼저 선전포고를 하고도 비스마르크의 독일에 무참하게 패배했다. 전쟁에 패하고 독일에 항복한 프랑스인들은 심한 자괴감에 빠졌는데, 독일에 빼앗긴 알자스 로렌 지방을 무대로 쓰인 알퐁스 도데의 소설 《마지막 수업》은 당시 프랑스인들의 감정을 잘 나타내고 있다.

보불전쟁의 패배가 가져온 이런 분위기는 파스퇴르에게도 영향을 미치는데, 전통적으로 독일이 앞선 맥주 양조에 있어서 프랑스가 독일보다 더 좋은 맥주를 만들려는 시도를 한 것이다. 맥주를 좋아하지 않았던 파스퇴르가 맥주의 발전에 결정적 기여를 하게 된 배경이다.

파스퇴르의 연구가 맥주 양조에 미친 가장 큰 성과는 맥주 효모가 작용하는 과정을 밝혀내고 발효 과정에서 효모 옆에서 활동하는 미생물에 의해 맥주 맛이 변질된다는 사실을 확인한 것이다. 맥주 맛을 균일하게 유지하기 위해서는 효모를 죽이지 않으면서 해로운 미생물을 제거하는 방법을 개발하는 것이 관건이라는 사실을 알아낸 파스퇴르는 해결 방법을 찾는데 몰두하였다.

파스퇴르는 효모를 죽이지 않으면서 해로운 미생물을 제거하기 위한 다양한 열처리 방법을 실험하였고, 곧 맥주 특성을 유지하면서 유해한 미생물을 죽이는 열처리 방법을 개발했다. 즉 맥주를 양조할 때 섭씨 50~55도 사이의 온도로 가열하는 것이 최적의 결과를 가져온다는 사실을 발견했다. 파스퇴르가 발견한 저온살균법은 곧 맥주 양조업계로 퍼져나가서 맥주의 품질을 높이는데 결정적으로 기여했다.

파스퇴르가 자신의 맥주 연구를 집대성한《맥주에 관한 연구》를 발표한 후 이 책은 모든 양조인들의 바이블이 됐다. 그의 발견이 맥주 품질 향상에 결정적인 기여를 한 것은 사실이지만 애초에 그가 목표했던 것, 즉 독일 맥주를 넘어서는 프랑스 맥주를 만들겠다는 목표는 달성하지 못했다. 완벽한 과학이 반드시 최상의 맥주를 만들어내는 것은 아니다. 파스퇴르가 맥주 애호가였다면 상황이 달라졌을지도 모르겠지만, 어쨌거나 지금도 프랑스는 맥주로 인정받는 나라는 아니다.

하면발효 효모는 한때 사카로미세스 칼스버젠시스 Saccharomyces Carlsbergensys라고 불렸는데, 이는 덴마크 칼스버그 양조장 부설 연구소의 연구원이었던 에밀 크리스티안 한센Emil Christian Hansen이 미생물이 제거된 라거 효모를 최초로 배양에 성공했기 때문이다.

원래 하면발효 맥주 효모는 1870년 독일인 막스 리스Max Reess가 파스퇴르의 이름을 따서 사카로미세스 파스토리아누스라는 학명을 붙였는데, 칼스버그 양조장에서 배양한 효모가 상업 양조장에서 라거 맥주를 만드는데 널리 사용되면서, 하면발효 효모를 칼스버그의 이름을 딴 학명으로 부르게 됐다. 그러나 이후 유전학이 발달하면서 두 가지 이름으로 불리던 효모는 결국 같은 종인 것이 확인됐고, 하면발효 효모는 파스퇴르의 이름을 따라 사카로미세스 파스토리아누스라는 학명으로 다시 통일해서 부르고 있다. 이래저래 술을 즐기지도 않았던 인물인 파스퇴르는 맥주 역사에 지대한 영향을 미쳤고, 파스퇴르가 이룬 업적은 맥주에 대한 연구에서

수제 맥주 바이블

비롯되었으니 맥주가 과학 발전에 얼마나 큰 기여를 했는지를 잘 보여주는 사례다.

병맥주의 시작

현재 맥주를 마시는 우리에게 병맥주는 매우 흔하고 당연한 맥주 유통 방법이지만, 그 역사는 그리 오래되지 않았다. 병맥주가 자리를 잡은 것은 극히 최근의 일이다. 병맥주는 영국 허트포드셔Hertfordshire의 목사이자 낚시광이었던 알렉산더 노웰 박사Dr. Alexander Nowell가 최초로 발명했다고 알려진다. 노웰은 엘리자베스 1세 여왕 시절, 즉 지금부터 대략 440여 년 전 런던에서 20마일가량 떨어진 허트포드셔에서 목회일을 보는 목사였다. 목회자이자 낚시광이었던 그는 자주 인근의 강으로 낚시를 다녔는데, 낚시를 나갈 때면 목을 축일 요량으로 집에서 담근 맥주를 병에 담아서 가지고 갔다.

어느 날 노웰은 낚시를 마치고 집으로 돌아오면서 맥주를 깜빡 잊고 강둑에 놔두고 와버렸다. 며칠 후 노웰은 강둑에서 놔두고 왔던 맥주병을 발견했는데, 맥주가 병에서 2차 숙성을 하면서 탄산이 발생해서, 병의 코르크 마개를 따자 펑 소리와 함께 마개가 마치 총알처럼 발사됐다. 영국에서 최초로 병입 맥주가 발명되는 순간이었다.

당시의 맥주는 따로 탄산화를 시키지 않았기에 병에서 2차 발효를 거쳐 탄산이 가득한 맥주는 새로운 발견이었다. 지금도 전통적인 영국 펍에서는 캐스크에 담긴 맥주를 따로 탄산화시키지 않고 손펌프로 퍼올려서 서빙한다. 노웰이 병맥주를 발명했다는 결정적인 물증이 있는 것은 아니기에 노웰이 병맥주를 발명했다는 것이 역사적 사실이라고 할 수는 없지만, 16세기 후반에 이르러 양조업자들이 유리병에 맥주를 보관하는 방법을 실험했다는 것은 틀림없는 사실이다. 그러나 병맥주는 그 후에도 오랫동안 확산되지 않았는데, 당시 유리병을 만드는 기술이 맥주의 높은 탄산압을 견디기 어려웠기 때문이다.

저바이스 마크햄Gervaise Markham은 1615년 쓴 자신의 글에서 집에서 맥주를 담그는 가정주부들을 위해 병입하는 요령을 적었다. 에일 맥주를 병입해서 보관할 때는 저온을 유지하는 저장고에 맥주병을 반쯤 모래에 묻고, 코르크로 병주둥이를 막고 와이어로 단단히 죄어야 한다고 기록하고 있다. 병의 재질이 탄산압을 제대로 견디지 못했기에 각별한

주의가 필요했던 것이다. 따라서 병입한 맥주는 상당히 오랫동안 보편화되기 어려웠다. 일부 귀족들이 새로운 맥주 스타일로 개별적으로 병입해서 마시는 정도로 소량의 병맥주가 유통됐을 뿐이었다.

탄산화가 된 병맥주는 새로운 맛으로 각광을 받기도 했지만, 모든 사람이 병맥주를 좋아한 것은 아니었다. 병맥주가 맥주의 순수함을 해친다고 생각한 사람들도 있었다. 토마스 트라이온Thomas Tryon은 1619년에 저술한 책《맥주 양조의 새로운 기술A New Art of Brewing Beer》에서 병맥주가 새로운 유행으로 떠오르고 있는데, 이는 맥주 본연의 맛을 해친다고 적었다. 배럴 숙성된 맥주가 본연의 맥주고, 병에 담아서 2차 숙성을 거친 맥주는 본연의 맛이 변질된 것으로 간주했다.

병맥주에 대한 이런 비판적 시선은 차치하고, 병맥주는 비싼 가격 때문에 제대로 자리 잡는데 오랜 시간이 걸렸다. 병 자체가 비싸기도 했고, 맥주를 병입한 후 코르크 마개를 막고 탄산압을 견디게끔 와이어로 코르크를 묶어 고정시키는 모든 과정은 일일이 손으로 작업을 해야 했기에 원가가 높아질 수밖에 없었다. 따라서 상당 기간 병맥주는 사치스런 맥주였고 수출하는 맥주에나 사용했다. 이것도 양조업자가 주도한 것이 아니라 유리병 제조업자가 주도했다. 유리병 제조업체가 빈 병을 수출하는 것보다 병 안에 뭔가 팔릴 만한 것을 담아서 수출하는 것이 더 큰 이익을 남기기에 맥주를 담아 수출을 했다.

초기 병맥주는 코르크 마개를 사용했기에 여러모로 마시기에 불편했다. 1879년에 헨리 바렛Henry Barett이 스크루톱 Screwtop 맥주병을 발명했다. 뚜껑을 돌려서 막는 방식으로, 코르크에 비해 훨씬 편리하고, 마시다 남은 맥주를 다시 돌려 닫아서 보관할 수 있었다. 또한 같은 시기에 파스퇴르가 저온살균법을 발명했고 병맥주를 50도가량 온도에서 30분 정도 살균하는 방법이 빠르게 보급되기 시작했다. 파스퇴르 살균법으로 병에 담긴 맥주를 오랜 기간 보존하는 것이 가능해졌고, 이에 따라 병맥주도 빠르게 보급되기 시작했다.

1892년에는 미국인 윌리엄 페인터William Painter가 지금 사용하는 것과 같은 크라운 병뚜껑을 발명했다. 1897년 미국 양조업자들은 맥주의 냉각과 필터링을 하는 새로운 방식을 개발하였고, 맥주를 병입하기 전에 탄산화시켜 병입을 하는 방법이 개발됐다. 이 방법은 곧 영국에도 도입되고 맥주에 아무런 잔여물을 남기지 않고 마지막 한 방울까지 맑고 깨끗한 맥주를 즐길 수 있는 새로운 맥주인 스파클링 디너 에일Sparkling Dinner Ale로 광고됐다.•

맥주병은 계속 진화했지만 병맥주가 제대로 자리 잡기 시

● 맥주를 병입한 후에 탄산화가 진행되면 이 과정에서 잔여물이 병 밑에 가라앉게 된다. 병입하기 전에 탄산화를 끝내고 병에 담으면 잔여물이 전혀 발생하지 않으므로 마지막 한 방울까지 깨끗한 맥주를 마실 수 있다. 지금도 병에서 2차 숙성을 하는 헤페바이젠과 같은 맥주병을 보면 밑에 침전물이 가라앉아 있는 것을 확인할 수 있다.

작한 것은 두 차례의 세계대전이 끝난 후였다. 영국 양조장인 스튜어트앤패터슨Stewart and Patterson의 판매 기록을 보면 1911~1914년 사이 병맥주의 비중은 겨우 4퍼센트에 불과했다. 그러나 병맥주 비중은 1929년에는 24퍼센트로 급격하게 증가했고, 1932년에는 32퍼센트가 됐다. 1959년에는 영국 맥주 시장 전체에서 병맥주가 차지하는 비중이 36퍼센트였다. 병맥주 기술은 지속적으로 발전해 세척, 병입, 살균 과정이 기계화됐고 병맥주는 전성기를 맞이했다.

그러나 새로운 방법이 개발되면서 병맥주는 차츰 내리막길을 걷게 된다. 케그 비어Keg beer가 등장하고, 곧이어 캔맥주가 보급되면서 병맥주의 비중은 줄어들게 됐다. 1960년에 36퍼센트이던 병맥주의 비중은 1969년에 27퍼센트, 1974년 20퍼센트, 1979년 12퍼센트에서 1984년에는 9퍼센트로 줄어든다. 계속 줄어들던 병맥주의 비중은 1990년대 들어서면서 병에 담겨 팔린 프리미엄 라거의 인기에 힘입어 다시 증가하는데, 1998년에는 13퍼센트로 늘어났다.

또한 크래프트 비어의 인기와 더불어 병맥주도 다시 인기를 얻고 있다. 크래프트 비어의 경우 병에서 2차 숙성을 하는 맥주가 많기에 병맥주가 다시 각광받고 있다. 영국에서는 병에서 2차 발효를 하는 병맥주 종류가 500여 종을 넘는다.

편의성으로 따지자면 병맥주에 비해 캔맥주가 훨씬 더 편할 뿐더러, 맥주의 보관에도 유리하다. 캔은 햇볕을 효과적으로 차단해주기 때문이다. 맥주병의 색이 진한 갈색이나 초록색인 것은 햇빛에 맥주가 변질되는 것을 방지하기 위해서인데, 유리병의 특성상 햇볕을 완벽히 차단하기 어렵다. 캔맥주는 햇볕을 완벽하게 차단하고, 휴대성도 좋다. 과거에는 캔 특유의 금속 냄새때문에 캔맥주가 병맥주에 비해 맛이 떨어진다는 인식이 강했으나 캔의 재질이 개선되고 코팅기술이 발달하면서 병맥주보다 오히려 더 맥주를 유통 보관하는데 적합하다. 하지만 역시 병에 담겨있는 맥주가 시각적으로 보기 좋고 맥주의 원형인 것 같은 느낌을 강하게 준다. 병맥주가 가진 매력은 시간이 흘러도 변하지 않을 것이다.

IPA의 전설

크래프트 비어가 인기를 얻기 시작한데 큰 기여를 한 맥주가 인디아 페일 에일IPA이다. 맥주의 역사에서 다루었듯 IPA는 영국에서 인도로 수출한 맥주로 높은 도수와 많은 홉의 사용으로 인한 특유의 맛으로 인기를 끌었다. 그러나 라거 맥주의 득세와 세금 정책의 변화로 인해 영국에서 자취를 감췄고 결국 20세기 맥주 시장에서는 과거의 전설로만 남아있었다. 20세기 후반 미국의 크래프트 비어 양조장에서 페일 에일 맥주를 만들기 시작하면서 IPA를 부활시켰고 인기를 끌기 시작했다. 곧 IPA는 크래프트 비어가 붐을 이루는 데 있어 결정적인 역할을 하는 맥주가 됐다.

IPA 맥주 양조법이 상세하게 기록되어 전해 내려온 것은 아니었기에 미국 크래프트 비어 양조장에서 만들어낸 IPA는 과거 영국에서 인도로 수출하던 맥주가 도수가 높고 많은 홉을 사용했다는 전설 같은 이야기에 근거해 재현해낸 것이다. 따라서 현재 우리가 마시는 IPA 맥주가 원래 영국에서 인도로 수출되던 IPA와 어느 정도 일치하는 맛인지는 확인할 길이 없다. IPA는 이렇듯 상세한 기록에 근거한 것이 아니기에 전설 같은 이야기가 많이 전해진다. IPA 관련 많은 전설

중 하나가 인도로 수출하던 IPA를 선적한 선박이 영국 연안에서 침몰하면서 영국 본토에 IPA가 소개됐고 인기를 끌게 됐다는 설이다.

이 극적인 스토리는 확실히 사람들의 호기심을 자극할 만한 이야기이고, 영국 본토에서 IPA의 인기는 난파된 선박에서 나온 맥주에 기인한다는 것이 한때 정설처럼 알려졌는데, 그 기원은 1869년 월터 몰리노Walter Molyneaux가 저술한 책《버튼온트렌트의 역사와 물과 양조장Burton-on-Trent, its History, its Waters and its Breweries》에 기술되어 있는 내용이다. 그는 책에서 인도로 수출하는 맥주를 선적한 배가 1820년경 아이리시 해협에서 침몰했고, 그 배에 실렸던 맥주가 리버풀에 유통되면서 IPA 맥주가 영국 본토에서 명성을 얻게 됐다고 기술하고 있다. 침몰한 배로 인한 IPA 인기에 대한 이 이야기는 이후 정설처럼 굳어졌고, 지금도 사실처럼 기술하고 있는 문헌이 꽤 많다.

그러나 IPA가 영국 본토에서 인기를 끌기 시작한 것은 1840년대 이후라는 사실에 근거해 1820년경 난파선에 얽힌 위의 이야기는 사실이 아니라는 주장이 설득력을 얻기 시작했다. 정확한 사료가 존재하지 않기에 어느 주장이 맞는지 확인하기 어려웠다.

옛날 신문과 문헌들이 디지털화되어 정보 검색이 용이해

지면서 난파선에 얽힌 이야기를 검증하려는 시도가 계속됐고, 당시의 신문기사 같은 문헌을 종합해 볼 때, 맥주를 실은 난파선이 존재했다는 것은 사실로 밝혀졌다. 하지만 그렇다고 해서 난파선으로 인해 IPA가 영국 본토에서 인기를 얻게 됐다는 것을 증명하는 것은 아니다.

1870년에 발행된《English Mechanics and World Science》라는 문헌에 보면 인도로 수출하는 맥주를 선적한 크루세이더The Crusader라는 이름의 선박이 1839년 침몰했고, 이 배에 실렸던 맥주가 리버풀에 풀렸다고 기록하고 있다. 크루세이더는 실제로 존재했던 584톤짜리 크고 빠른 상선이었다. 배의 선장은 위크먼JG Wickman이었고, 인도 캘커타(혹은 봄베이-신문에 따라 다르게 기록되어 있다)를 출항해서 5개월의 항해 끝에 1838년 11월에 리버풀 항구에 도착했다.

크루세이더는 리버풀 항구에서 물건을 하역하고, 그해 12월 15일 인도 봄베이로 다시 출항할 예정이었다. 인도로 수출할 물품으로 배에는 면 완제품, 실크, 소고기와 돼지고기 등과 더불어 페일 에일 맥주도 실렸다. 맥주는 버튼온트렌트의 두 양조장, 배스Bass와 올솝Allsopp에서 생산된 맥주였다. 선적된 물품의 보험료는 10만 파운드였는데, 현재 가치로 치면 800만 파운드의 가치였다. 우리 돈 100억 원이 넘는 가치의 물품을 싣고 인도로 향하는 배였으니 엄청난 규모의 무역선이었다.

크루세이더는 역풍으로 인해 예정된 15일에 출항하지 못했고, 1839년 1월 6일에 출항했다. 그날은 바람의 방향이 순풍으로 바뀐 날이고, 바람 방향이 바뀌길 기다리며 대기하고 있던 60여 척 배들이 항구를 떠났다. 항구를 떠난 배들이 까맣게 모르고 있던 것은 바로 앞의 북대서양에 거대한 태풍이 올라오고 있다는 사실이었다. 태풍은 곧 배들을 집어삼켰고, 아일랜드와 영국 해안에 엄청난 피해를 입혔다. 수백 척의 배가 침몰했고, 수백 명의 사람들이 목숨을 잃었다. 태풍이 강타한 지역의 주택과 공장의 굴뚝 대부분이 부서졌고, 집의 지붕이 날아가고 기왓장이 날아다녀 많은 사람들이 대피했다. 바다의 사정은 훨씬 심각해서 리버풀을 떠난 배들 상당수가 침몰했고, 많은 선원들이 목숨을 잃었다.

크루세이더 호는 출항 직후 태풍에 휘말렸고 육지 쪽으로 떠밀려와서 모래톱에 좌초됐다. 크루세이더가 좌초된 모래톱은 지금도 크루세이더 모래톱으로 불리고 있다. 거센 바람과 파도에 부서진 크루세이더에 실려있던 화물들은 해변으로 밀려왔는데, 세관원들이 화물의 상당 부분을 회수했다. 회수된 화물 중에는 에일 맥주를 담은 79개의 혹스헤드 Hogshead통(맥주를 담은 큰 용량의 나무통)•이 있었다. 이들 물품은 곧 리버풀에 풀려서 판매됐다. 1839년 2월 7일자 신문

 ● 대략 250리터 정도의 용량이다.

　　　　　　　　　　　　　　　　수제 맥주 바이블

광고를 보면 봄베이로 향하던 크루세이더에 실렸던 물품 일부가 판매된다는 사실을 확인할 수 있고, 이들 중 배스와 올숍 양조장에서 생산된 인디아 페일 에일이 포함되어 있었음을 확인할 수 있다.

따라서 인도로 수출되던 페일 에일 맥주를 실은 배가 난파되어 그 배에 실렸던 맥주가 영국에서 판매된 것은 역사적인 사실이다. 하지만 영국에서 IPA 인기가 이 사건으로 인한 것인지는 여전히 불분명하다. 오히려 크루세이더 침몰 당시에 이미 리버풀에서는 IPA에 대해 잘 알고 있었다는 사실만을 증명할 뿐이다.

크루세이더가 침몰하기 훨씬 이전인 1825년에 이미 리버풀에서 인도로 수출하기 위해 만든 맥주가 유통되고 있었다. 인디아 페일 에일이라는 명칭이 영국 신문에 처음 등장한 것은 1835년 리버풀 신문이었으니 크루세이더가 침몰하기 4년 전이었다.[*] 당시 이미 호지슨 양조장에서 IPA를 영국 본토에 판매하고 있었다. 곧 크루세이더의 침몰과 영국 본토에서 IPA가 인기와는 직접적인 관계가 없다는 증거다. 페일 에일 맥주는 18세기 중반에 이미 인도로 수출되기 시작했으니, 크루세이더가 침몰한 시점에는 이미 거의 백년 이

 ● 1835년 1월 30일자 〈리버풀 머큐리Liverpool Mercury〉에 실린 호지슨 양조장의 광고에 IPA가 등장한다.

상 페일 에일이 인도로 수출되고 있던 시점이다. 100여 년 동안 IPA가 영국에 전혀 유통되지 않았다고 보기 어렵다. 인기를 끌지 못했을 뿐, 이미 영국에서도 유통되고 있었다고 보는 것이 타당하다.

IPA가 영국 본토에서 인기를 끌기 시작했다는 것은 크루세이더가 침몰한 후 2년 정도 지난 후인 1841년에 배스 양조장이 리버풀에 IPA 판매를 위한 매장을 오픈하면서 실은 광고에 잘 나타난다. 배스 양조장이 리버풀에 매장을 오픈하며 1841년 4월 22일자 〈Gore's Liverpool General Advertiser〉에 실은 광고를 보면 "인도에서 오랫동안 찬사를 받은 이 맥주는 영국에서도 많이 소비되고 있다"고 광고하고 있다.

인도로 수출하는 맥주를 실은 배가 침몰했고, IPA 맥주가 리버풀 시내에 풀린 것은 사실이지만, 이미 그 전에 IPA가 시중에 유통되고 있었고, 1841년 영국 본토에서 많이 마시고 있었다는 광고 문구로 미뤄볼 때 난파로 인해 IPA가 갑자기 영국에서 인기를 끌게 된 것은 아니고 일정 시간을 두고 서서히 인기를 끌기 시작했다고 보는 것이 타당한 견해일 것이다.

맥주의 역사에서 이미 밝혔듯이, IPA가 영국에서 인도로

수제 맥주 바이블

수출된 유일한 맥주는 아니다. 흔한 신화 같은 이야기로 영국에서 인도로 가는 항해 중 적도를 두 번 넘고 6개월 정도가 걸리는 오랜 항해 기간 도중 맥주가 모두 상했고, 오랜 항해를 견디고 인도로 수출하기 위해 특별히 알코올 도수를 높이고 홉을 많이 넣어 만든 맥주가 IPA라는 속설이다. 이는 정확한 사실이 아니다. 항해 기간도 6개월보다는 짧았다.

IPA보다 먼저 포터가 인도로 수출됐고, 큰 문제가 없었다. 이미 18세기 초부터 포터 맥주가 인도로 수출됐고, 1850년대에 동인도회사도 많은 물량의 포터를 런던 양조장에 주문해서 인도로 수출했다. 18세기와 19세기까지 영국에서 인도로 수출된 맥주는 페일 에일보다 포터가 더 많았다. 그러니까 IPA가 특별히 인도로 수출하기 위해 만들어진 맥주는 아니다. 물론 추후 호지슨이 페일 에일을 인도에 수출하면서 인기를 얻은 것은 사실이지만, 인도로 수출하던 다른 맥주가 상해서 마실 수 없기에 IPA가 만들어진 것은 아니다.

흔한 오해 중 하나가 인도는 너무 더워서 현지에서 맥주를 양조할 수 없었기에 영국에서 수입했다는 인식인데, 이것도 사실이 아니다. 포터와 스타우트 같은 다크 비어는 인도 현지뿐 아니라 인도네시아에서도 양조를 했다. 비교적 높은 기온에서도 스타우트 양조에는 큰 문제가 없었다. 따라서 IPA 이전에 인도로 수출한 맥주가 모두 상했다거나, 인도 현지에서 맥주를 만들 수 없었다는 이야기는 사실이 아니다. 유럽의 맥주 양조사들은 이미 1760년대 이전부터 풍부하게 홉을 사용한 맥주는 오랜 여정에서도 변하지 않는다는 사실을 알고 있었다. 흔히 알려진 것처럼 호지슨이 처음으로 인도에 수출하기 위해 홉을 풍부하게 넣은 IPA를 만든 것이 아니라, 홉을 풍부하게 사용하면 맥주의 보존기간을 늘릴 수 있다는 것은 이미 그 이전에 널리 알려진 사실이었고 수출용 맥주에 이미 사용되던 방법이었다.

인도로 수출한 맥주가 상하자 호지슨이 여러 방법을 실험해봤다고 밝히고 있는 맥주 관련 문헌도 있는데, 역시 사실이 아니다. 호지슨은 인도로 수출한 맥주가 계속 상하자, 발효되지 않은 맥주를 인도로 보내서 현지에서 효모를 투입해서 발효하도록 시도해봤고, 농축된 맥주를 보내서 희석해보기도 했다는 내용이 스미소니언에서 발행하는 잡지에 실려 있다. 여러 시도를 했으나 모두 실패하고 호지슨이 포터 대신 페일 에일에 홉을 대량 투입해서 만든 맥주가 결국 성공했다는 내용이다. 이것은 무지한 주장이다. 맥주가 발효되기 전에 맥아즙은 그야말로 상하기 쉬운 상태다. 발효가 끝나고 효모가 알코올을 만들어낸 후에야 알코올이 다른 잡균의 번식을 막아주기 때문에 보존력이 높아진다는 것은 상식 중에 상식이다. 발효되지 않은 맥아즙을 인도로 수출해서 현지에서 발효시키려 시도했다는 것은 따라서 있을 수 없는 일이다.

정확한 사실이 무엇이건, IPA에 관해서 전해 내려오는 이야기들은 흥미롭고 많은 이야깃거리를 제공하고 있다. IPA와 관련된 이야기들은 영국이 인도를 식민지화하면서 현지에 파견된 영국인들이 자국의 생활 패턴을 식민지 인도에서도 유지하려는 제국주의 시대의 산물이지만, 맥주에 관한 영국인들의 애정을 잘 보여주는 흥미로운 이야기임에는 틀림없다.

전쟁터에 피어난 맥주 사랑: 플라잉 펍Flying Pub

1944년 제2차 세계대전이 한창일 때, 노르망디 상륙작전으로 프랑스에 상륙한 영국군에게 가장 중요했던 것은 다름 아닌 맥주였다. 1944년 6월 20일 로이터 통신 특파원이 노르망디에서 보낸 기사에 영국군에게 가장 필요한 것은 맥주라고 적었다. "영국 병사가 마일드와 비터 맥주를 달라고 했지만, 그들에게 제공된 것은 사이다가 전부였다"고 적고 있다. 치열한 전투 끝에 노르망디에 상륙해 교두보를 확보한 영국 병사들은 간절하게 고향의 맥주를 원했다.

7월 12일이 되어서야 공식적으로 영국 본토의 맥주가 노르망디에 공급되기 시작했다. 하지만 턱없이 부족한 양이어서 병사 1인당 고작 1파인트*의 맥주가 제공됐다. 필요는 발명의 어머니라고, 공식적으로 노르망디 영국 병사들에게 맥주가 공급되기 훨씬 전부터 영국과 미국의 전투기 조종사들은 비행기에 맥주를 싣고 영불해협을 건너 노르망디 임시 활주로에 맥주를 내려놓았다. 이들은 주로 스핏파이어 전투기와 타이푼 전폭기의 보조 연료탱크에 맥주를 채워서 영불

 ● 영국 단위 1파인트는 568ml

해협을 건넜다. 이들은 '플라잉 펍Flying Pub'이라 불렸고, 초창기에는 정부가 비공식적으로 허가한 작전이었다. 영국 공군이 발행한 홍보 자료에 스핏파이어 전투기에 맥주를 싣는 사진을 사용한 것을 보면, 공식적인 작전은 아니었어도 최소한 비공식적으로 승인한 작전인 셈이었다.

1944년 6월 13일, 영국 본토의 맥주를 실은 최초의 비행기가 노르망디에 착륙했다. 상륙작전 디데이D-Day에서 불과

7일 후의 일이었으니, 영국 병사들이 얼마나 맥주를 갈급했는지 짐작할 수 있다. 연합군의 캐나다 공군 126편대 소속 로이드 베리먼Lloyd Berryman 중위와 동료들이 3기의 스핏파이어에 맥주를 달고 와서 처음으로 노르망디에 착륙했다. 이 작전은 다분히 공식적인 성격을 가졌는데, 베리먼 중위의 회상에 따르면 편대장이었던 키스 허드슨Keith Hudson이 영국의 공군 기지에서 직접 베리먼에게 상당량의 맥주를 노르망디에 배달할 것을 지시했다고 한다. 연료탱크를 스팀 세척해서 맥주를 채우고, 2명의 조종사를 선발해서 노르망디에 맥주를 배달하라는 지시였고, 베리만은 동료들과 함께 공식적으로는 아직 완공되지도 않은 노르망디 활주로에 착륙해서

맥주 폭탄 제작 모습.
공기 저항을 줄이기 위해 맥주통(Cask)을 유선형으로 개조하고 있다.

270갤런의 맥주를 내려놓았다. 독일군이 식수를 오염시켜서 마실 물도 부족했기에 맥주를 배달하는 것은 매우 중요한 임무였다. 전투기는 1만 3000피트 고도로 비행했고, 높은 고도에서 맥주는 적당히 차가워져서 마시기에 좋았다고 한다.

이후 스핏파이어 전투기와 호커 타이푼 전폭기는 맥주가 고픈 영국 병사들에게 계속 맥주를 배달했다. 1944년 7월 2일자 〈타임〉지에는 '플라잉 펍'이라는 제목으로 노르망디의 맥주 배달을 소개하는 기사가 실렸다. 기사에 따르면 보조 연료탱크에 가득 맥주를 채우고 온 타이푼 전폭기가 독일군을 폭격하러 가기 전에 노르망디 활주로에 먼저 착륙했고, 곧 에나멜 머그잔을 든 영국 병사들이 몰려들어 전폭기가 싣고 온 맥주를 마시기 시작했다고 전하고 있다.

보조 연료통에 싣고 온 맥주는 처음에는 탱크에서 배어나온 맛으로 인해 불쾌한 맛이 났는데 이는 곧 화학처리를 통해 해결됐고, 이후 배달된 맥주는 고향의 펍에서 마시는 맥주와 같은 맛이었다. 맥주 배달 방법은 계속 개선되어 발전했는데, 연합군 공군 소속 폴란드 편대였던 131편대에서는 새로운 '맥주 폭탄Beer Bomb'을 발명했다. 보조 연료탱크에 맥주를 채우는 것이 아니라, 맥주 캐스크를 개조해서 전폭기의 폭탄 랙에 장착하도록 개조해 맥주를 배달한 것이다. 공기저항을 줄이기 위해 캐스크를 유선형으로 개조하기도 했다.

수제 맥주 바이블

맥주 캐스크를 개조해서 맥주를 운반하는 방법은 매우 인기를 끌었다. 공군기지 인근 양조장에서 전폭적인 협조를 받았고, 연합군의 영국, 캐나다, 폴란드 편대에 이어 미국 공군 조종사들도 무스탕 전투기에 맥주 폭탄을 장착하고 맥주를 날랐다.

맥주 폭탄을 장착한 전투기나 전폭기는 이착륙시 매우 주의를 기울여야 했는데, 사진에서 보이는 것처럼 비행기의 기종에 따라 맥주 폭탄이 장착된 위치와 지상과의 거리가 매우 가깝기 때문에 착륙시 매우 조심하지 않으면 맥주 캐스크가 땅에 부딪혀 부서졌기 때문이다.

맥주 폭탄을 장착하고 맥주를 배달한다는 것은, 맥주를 목 빠지게 기다리고 있는 병사들이 눈을 부릅뜨고 지켜보고 있는 활주로에 착륙한다는 것을 의미한다. 착륙할 때 실수해서 맥주통이 부서진다면 실망한 병사들의 비난을 한 몸에 받아야 했다. 따라서 조종사들은 어지간히 자신있지 않으면 맥주 배달에 나서는 것을 조심스러워 했다. 그러다 보니 맥주 배달을 한다는 것은 곧 조종사의 조종술이 매우 뛰어나다는 것을 입증하는 영예스러운 일이기도 했다.

본국의 맥주를 열심히 배달해서 마시는 영국군을 보고 미국군들은 영국인들이 전장터에서도 고향의 라이프스타일을 고집스레 유지한다고 감탄했다는 기록도 발견할 수 있다.

맥주 폭탄을 달고 비행하는 모습.

맥주 폭탄을 전투기에 장착한 모습.
지상과 거리가 매우 가까워서 착륙시 주의하지 않으면 맥주통이 깨진다.

무엇보다도 영국인들이 갖고 있는 에일 맥주에 대한 사랑이
잘 나타난 에피소드다.

기네스 맥주와 이스라엘의 건국

기네스는 한때 세계에서 가장 큰 양조장이었고, 각종 세계
최고 기록을 수록한 기네스북으로 유명한 만큼, 기네스에 얽
힌 일화는 수없이 많다. 잘 알려지지 않았지만, 기네스는 이
스라엘의 건국에 결정적인 역할을 했다. 현재 중동에서 벌어
지고 있는 갈등의 불씨를 뿌린 것이 기네스 맥주였다는 것
이니, 맥주가 인류 역사의 이면에서 중요한 역할을 담당했다
는 것을 보여주는 사례다.

기네스 맥주는 종교와 연관이 깊다. 기네스 맥주를 창립한
아서 기네스의 아버지인 리처드 기네스는 추후 추기경이 된
아서 프라이스 목사의 토지 관리인이었다. 그의 임무 중 하
나가 맥주를 빚는 것이었다는 주장이 있다. 아일랜드의 기독
교에서 맥주의 중요성에 대해서 이미 짚어봤듯이, 농지와 농

가를 포함하고 있던 목사관에서 농부들을 위해 맥주를 양조했으리라는 것은 거의 틀림없는 사실이고, 리처드가 맥주 양조에 관여했거나 도왔을 가능성이 높다. 따라서 어린 아서가 아버지 옆에서 맥주 양조를 배웠다는 주장도 상당한 타당성이 있는 주장이다.

여하간 프라이스 목사는 1725년 임종하면서 리처드와 아서 기네스에게 유산으로 100파운드를 남겼고, 이 돈이 추후 아서 기네스가 양조장을 설립하는데 종잣돈이 됐다. 아서는 1755년에 렉슬립Leixlip에서 작은 양조장을 개업한다. 그리고 더블린에 위치한 세인트 제임스 게이트St. James Gate 양조장을 9000년간 임대하는 계약을 맺고 옮겨간다.*

 ● 실질적으로 구매한 것이나 다름없는데 굳이 9000년간의 임대 계약을 맺은 것은 세금을 회피하기 위한 수단이었다. 기네스에 얽힌 신화 같은 이야기들을 보면 아서 기네스가 자신의 맥주가 성공할 것에 대한 자신감이 넘쳐서 그런 계약을 맺었다는 대목이 있으나, 현실적으로는 세금 회피 목적이었다는 것이 보다 정확한 사실이다.

창립자인 아서 기네스가 1803년 78세의 나이로 세상을 떠나자 그의 아들인 아서 기네스 2세가 가업을 이어받는다. 기네스 2세는 70대에 접어들어 연로해지자 1839년 두 아들 아서 리 기네스Arthur Lee Guinness와 벤자민 리 기네스Benjamin Lee Guinness에게 가업을 물려준다. 장남인 윌리엄 기네스William Guinness는 목사가 됐기에 양조장 경영에 참여하지 않았다. 이렇듯 기네스 가문은 기독교와 깊은 관계를 가지고 있었고, 맥주 역시 기독교와 떼려야 뗄 수 없는 관계다.

아서 리 기네스는 평생 미혼으로 살았는데, 동성애와 관련한 추문에 휩쓸리며 한때 기네스 맥주회사에 큰 위기를 불러오기도 했다. 이와 관련한 기록은 추후에 기네스 가문에서 모두 지워졌기에 정확한 사실을 알 수는 없지만 남아있는 기록과 정황으로 봤을 때 아서 리가 동성애 성향을 보였던 것으로 추측된다. 1839년에 기네스는 18살의 배우 지망생 디오니서스 부시쿼Dyonisus Boursiquot를 점원으로 채용했는데, 아서 리와 디오니서스(추후 디온 부시코Dion Boucicault로 개명하고 유명한 극작가 겸 배우가 됐다) 사이에 동성애로 추측되는 스캔들이 발생했다.

둘 사이에 어떤 일이 있었는지는 기록이 모두 지워져 알 수 없지만, 아서 리가 아무도 모르게 디오니서스에게 거액의 돈을 주었다는 사실이 밝혀져서 결국 아서 리는 회사를 떠나게 됐고, 디오니서스에게도 거액의 돈을 주어 회사에서 내보냈다. 이 스캔들은 기네스 가문에 큰 충격을 주었고, 한때 기네스 가문이 경영권을 포기하고 회사에서 물러나는 것을 심각하게 고려할 정도였다. 기독교에 충실했던 당시 아일랜드 사회에서 동성애는 용납할 수 없는 문제였다. 따라서 기네스 맥주 회사의 경영자가 동성애 관련 추문에 휩싸였다는 것은 회사 문을 닫을 정도의 심각한 문제였던 것이다. 이런 추문의 중심에 있던 아서 리의 취미 중 하나가 하프에 관한 애정이었다. 하프는 아일랜드의 문장이기도 하기에 기네스 맥주에 하프가 새겨진 것은 아일랜드의 자부심을 나타내는 것이라고 일반적으로 생각하지만, 사실 아서 리의 취향이 반영됐을 것으로 보인다.

한 차례 홍역을 치른 기네스 맥주는 1880년대 초반에 접어들어 아서 리의 조카인 에드워드 기네스Edward Guinness가 경영을 맡고 있었는데, 그는 사업에 큰 흥미가 없었던 것으로 보인다. 에드워드는 먼 친척인 아델라이드 기네스Ardelaid Guinness와 결혼했는데 처남인 클로드 기네스Claude Guinness와 레지날드 기네스Reginald Guinness를 불러들여 이들에게 경영을 맡기고 자신은 귀족놀음에 탐닉한다. 옥스퍼드를 졸업한 총명한 사업가였던 클로드 기네스가 불행하게도 정신병 발작을 일으켜 회사에서 물러난 이후, 레지날드가 경영을 맡게 됐다. 레지날드가 1903년에 은퇴하자 에드워드가 어쩔 수 없이 다시 경영 일선에 복귀하게 된다. 경영에 별 관심이 없었던 에드워드가 경영 전면에 나선 후, 급변하는 시장 환경에서 위기 상황에 제대로 대처하지 못해서 기네

수제 맥주 바이블

스 맥주가 세계 최고의 지위에서 내려오게 된 원인이 됐다.

아서 기네스 2세의 장남이 목사가 됐다는 것은 이미 밝힌 바 있는데, 아서 기네스 2세의 동생인 존 그라탄 기네스John Grattan Guinness의 아들인 헨리 그라탄 기네스Henry Grattan Guinness도 목사가 됐다. 헨리는 성서의 예언에 관한 전문가가 됐는데, 그는 구약 성경에 나오는 여러 증거를 토대로 이교도의 시대Times of Gentiles가 곧 끝날 것이라고 예언했다. 유대인이 자신들의 고향인 팔레스타인으로 돌아가서 나라를 세우면서 이교도의 시대가 종말을 고할 것이라고 예언한 것인데, 그 시기를 1917년이라고 자신의 저서인《Light for the Last Days》에서 못박았다.

성경의 예언을 분석한 헨리 기네스의 책은 꽤 많이 읽혔고, 그의 예언을 추종하는 사람들도 많았다. 헨리 기네스의 저서에 영향을 받은 사람들 중에 아서 밸포우Arthur Balfour가 있었다. 영국의 정치와 외교에 의미있는 역할을 한 밸포우가 헨리 기네스의 저술에 영향을 받았다는 것은 이후 국제 정세에 중요한 의미를 갖게 된다. 수상과 외무장관을 지낸 영향력 있는 정치인이었던 아서 밸포우는 1917년에 밸포우 선언Balfour Declaration을 하는데, 팔레스타인에 유대인 국가를 설립하기 위해 영국이 최대한의 노력을 경주해야 한다는 선언이었다. 이것은 곧 이스라엘이 건국되는 역사적 기반을 마련한 선언으로, 이후 영국은 유대인들이 팔레스타인으로 이주해 국가를 설립하도록 하는데 있어 중요한 역할을 하게 된다. 이 선언으로 인해 유대인들이 팔레스타인으로 이주를 시작하고, 시오니스트 운동이 촉발되는 계기가 됐다. 결국 맥주 회사 기네스 가문이 이스라엘의 건국에 결정적 역할을 하게 된 것이다.

이스라엘 건국을 촉발시킨 이 선언은 이후 지금까지 팔레스타인에서 끊임없는 갈등을 불러일으키는 계기가 됐다. 유대인들이 계속해서 팔레스타인으로 이주해오자 기존에 팔레스타인에 거주하고 있던 원주민들과의 갈등이 심각해지고 복잡한 문제를 야기하게 됐다. 팔레스타인에서 유대인과 원주민들과의 갈등이 심해지고 문제가 지속되자 결국 영국은 유대인의 이민을 제한하는 조치를 취하는데, 이는 역으로 시오니스트 유대인들의 반발을 불러오게 된다. 시오니스트 유대인들은 영국의 조치에 반발해 테러 조직을 결성하고, 과격한 폭력도 불사한다. 1944년 헨리 기네스의 사촌이자 당시 중동지역 영국 관리였던 월터 기네스Walter Guinness가 이집트 카이로에서 유대인 테러리스트의 총탄을 맞고 사망한다. 기네스 가문은 시오니스트 운동을 촉발시키고 이스라엘 건국의 초석을 다졌지만, 그들 자신이 만들어낸 역사의 희생자이기도 했던 것이다.

1948년 이스라엘은 공식적으로 팔레스타인에 국가를 설립했고, 성경에 근거해 이스라엘의 건국을 예언했던 헨리 기네스의 주장은 현실이 됐다. 헨리가 이스라엘 건국을 1948년이라고 정확하게 예언했다는 주장도 있는데, 그 근거는 헨리가 자신의 성경책 에스겔서 마지막에 연필로 '1948'이라고 적어 넣었다는 것을 근거로 하고 있다. 헨리가 이스라엘 건국 연도를 정확하게 예언했는지는 확인할 길이 없으나, 그가 중동 문제에 있어서 영국 정부의 정책에 결정적인 영향을 미쳤고 현재 중동 문제를 만들어낸 장본인이라는 것은 틀림없는 사실이다.

기네스 맥주가 세계 맥주 시장에 미친 영향이 지대하고 한때 세계 맥주 시장을 지배했던 절대적 존재였다 보니 단순히 맥주뿐 아니라 사회 전반에 많은 영향을 미쳤다. 기네스는 특히 기독교와 관련해 특별한 관계를 맺었는데, 만일 기네스 맥주가 없었다면 이스라엘의 건국도 없었을 것이고, 팔레스타인은 지금과는 전혀 다른 정국이었을 것이다. 중동의 정세 자체가 지금과 판이하게 달라졌을 것이니, 맥주가 인류 역사에 미친 영향은 실로 엄청나다고 하겠다.

맥주 맛보다 마케팅

맥주 산업이 발달하고 대형 양조장간의 경쟁이 치열해지면서 맥주는 다양한 마케팅 기법을 적극적으로 활용하게 됐다. 교통이 발달하기 이전에 맥주는 생산된 지역에서만 소비됐고 별다른 마케팅이 필요하지 않았으나, 맥주 산업이 발달하며 맥주는 생산지를 벗어나 세계 구석구석으로 퍼져나가 전 세계인이 마시는 음료가 됐고, 다양한 마케팅 전략이 맥주 판매를 도왔다. 오늘날 맥주는 거대 다국적 기업이 장악한 거대한 산업이다.

대표적인 기호 식품인 맥주, 특히 라거 맥주는 차별화된 이미지가 매출에 큰 영향을 미치기에 광고와 마케팅이 맥주의 성패를 결정짓기도 한다. 광고 시장에서 맥주 광고는 큰 비중을 차지하고 있으며 이 순간에도 거대 맥주 회사들은 자사 브랜드를 홍보하기 위해 엄청난 광고 물량을 쏟아붓고 있다.

맥아의 풍미가 진하고 다양한 홉 향이 두드러지는 에일 맥주는 맥주를 만드는 양조장에 따라서 맥주 맛의 차이가 상당히 크다. 반면 라거 맥주는 상대적으로 맛의 차이가 크지 않다. 소비자들이 깔끔한 맛의 라거를 선호하면서 라거 맥주가 맥주 시장의 절대우위를 점하게 되었는데 역설적으로 이런 현상은 적극적이고 차별화된 광고 전략의 필요성을 가져왔다. 고만고만하고 엇비슷한 맛의 라거 맥주 중에서 소비자의 선택을 받으려면 뭔가 차별화된 전략을 사용해야 하는 시대가 도래한 것이다.

우리에게 친숙한 맥주 브랜드를 보면 거의 대부분 라거 맥주다. 하이트, 카스, 클라우드 등 한국 대형 맥주 회사들은 예전부터 라거를 만들었다. 버드와이저와 밀러로 대표되는 미국 맥주도 한국 맥주와 맛에서 큰 차이가 없는 라거 맥주다. 하이네켄, 칼스버그 등 친숙한 유럽 맥주들도 라거 맥주고, 산미구엘, 칭따오, 아사히 등 아시아 맥주들도 대부분 라거 맥주다.

이들 맥주가 맛의 차이가 있는 것은 분명한 사실이다. 하지만 라거 맥주는 그 특성상 맛의 차이가 마실 때 확연하게 구별할 수 있을 정도로 크지는 않다. 맥주 맛을 구별할 수 있다고 자신하는 사람들이 많지만, 실제로 블라인드 테스트를 진행해보면 대부분 맥주 맛을 구별하지 못한다. 그런 의미에서 현대의 다양한 맥주는 상당 부분 마케팅에서 형성된 이미지를 마신다고 보면 된다. 맥주 맛을 자신있게 구별한다는 사람이 주위에 있다면 같이 맥주를 마시러 가서 라거 맥주 여러 종류를 놓고 이름을 맞추는 내기나 게임을 해보도록 하자. 매우 재미있는 결과가 나오고 술자리 흥도 올라오니 맥주를 즐기는 또 다른 방법이다.

1900년대 초반 미국 맥주 시장에서 슐리츠 맥주Schlitz Beer는 고전을 면치 못하고 있었다. 시장점유율은 계속 떨어지고 회사는 심각한 위기를 맞고 있었다. 슐리츠 경영진에서는 위기를 타개하고자 당시 가장 잘 나가는 광고인이었던 클로드 홉킨스Claude Hopkins에게 광고를 의뢰했다. 당시 모든 맥주들은 자신의 맥주가 얼마나 순수한지를 강조하고 있었다. 심지어 어느 맥주회사는 신문 전면을 광고에 할애해서 'PURE'라는 단어를 강조하기도 했다.

슐리츠 맥주의 광고를 맡은 홉킨스는 우선 맥주 양조장을 찾아가서 맥주가 만들어지는 과정을 분석했다. 모든 맥주가 순수함을 강조하고 있는데, 그 순수함이 구체적으로 어떤 것을 의미하는지 알아본 것이다. 슐리츠 맥주 직원들은 홉킨스에게 맥주 공정을 일일이 설명해주고, 맥주를 깨끗하게 유지하기 위해서 어떤 과정을 거치는지 상세히 설명했다. 양조장 공기를 청결하게 유지하기 위해 어떻게 필터를 사용하는지, 위생을 유지하기 위해 병입하기 전에 어떻게 두번씩 맥주병을 소독하는지 등의 양조 과정을 모두 살펴본 홉킨스는 슐리츠 사람들에게 왜 광고에서 이런 과정을 설명하지 않았는지 물었다. 그러자 슐리츠 사람들은 어리둥절해 하며, "이 양조 공정은 다른 맥주회사들도 다 똑같이 하는 공정인데요?"

라고 반문했다. 모두 다 자신의 맥주가 순수하다는 것을 말하고 있었지만, 그 순수함을 어떻게 지켰는지를 말할 생각은 아무도 하지 않았던 것이다.

현대 광고의 선구자로 불리는 뛰어난 광고인이었던 홉킨스는 곧 슐리츠 맥주 광고를 만들었는데, 순수한 맥주를 만들기 위해 슐리츠가 어떤 노력을 기울이고 있는지 구체적으로 설명한 카피를 만들어냈다. 슐리츠 맥주의 양조 과정은 다른 양조장과 거의 똑같았지만, 아무도 말하지 않은 것을 먼저 광고에서 말했기 때문에 슐리츠 맥주만의 고유한 장점이 되어버렸다. 광고에서 말하는 선점 효과를 슐리츠는 독점하게 된 것이다. 양조회사 모두가 맥주병을 깨끗이 소독했지만 슐리츠가 먼저 강조했기에 마치 다른 맥주 회사는 제대로 맥주병을 소독하지 않고 더러운 병을 사용하는 것처럼 보이게 했고, 오직 슐리츠 맥주만이 철저하게 위생 관리를 하는 것 같은 인상을 준 것이다. 광고가 나간 후 불과 6개월 만에 슐리츠 맥주는 시장점유율 1위가 됐다. 똑같은 맥주지만 차별화에 성공한 것이다.

주로 라거 맥주를 생산하는 대형 맥주 회사들은 모두들 자신의 맥주가 다르다는 것을 강조하고 차별화하기 위해 노력하는데, 이를 위해서 막대한 광고비를 쏟고 있다. 사실 라거 맥주의 맛 자체는 큰 차이가 없기에 광고 이미지를 통해 차별화를 꾀하는 것이 거의 유일한 방법이기도 하다. 버드와이저 맥주의 경우 '비치우드 숙성' 맥주라는 것을 강조하는데, 소비자들은 마치 버드와이저 맥주가 비치우드로 만든 나무통에서 숙성되는 것 같은 인상을 받는다. 실상은 여느 맥주 양조장에서나 똑같이 있는 거대한 금속 발효조를 사용하는데, 다만 버드와이저에서는 발효할 때 거대한 발효조 탱크에 비치우드 조각 한 움큼을 뿌려줄 뿐이다. 비치우드 숙성의 실체인데, 차별화를 위한 노력의 일환이다.

고만고만한 맛을 차별화시키기 위한 라거 맥주 브랜드들의 치열한 마케팅은 국내도 예외가 아닌데, 가장 극적인 사례가 하이트 맥주의 '천연 암반수' 마케팅이다. 국내 맥주 시장은 일제 강점기 때부터 최근까지 OB의 동양맥주와 하이트의 조선맥주가 양분하고 있었다. 양분이라는 단어가 무색하게 OB의 시장점유율이 절대적이었고, 조선맥주는 일반 소매점에서 찾아보기 어려울 정도였다. 그런 상황에서 조선맥주는 1990년대 초반 '하이트'라는 브랜드를 새롭게 출시하면서 지하 150m에서 끌어올린 천연 암반수로 만든 맥주라는 광고 캠페인으로 일거에 맥주 시장 판도를 뒤집어 놓았다.

맥주 맛을 결정짓는데 있어서 물의 역할이 중요한 것은 사실이고, 그래서 과거에는 어느 지방의 물로 만든 맥주냐에 따라 맥주 맛이 달라졌다. 그러나 화학적으로 물의 성분을 통제할 수 있는 현대에 와서는 더 이상 어떤 물을 사용하는지는 중요치 않다. 원하는 물의 성분을 화학적으로 만들어내서 양조를 한다. 따라서 하이트 맥주 광고는 사실과 차이가 있는 광고다. 깨끗한 물이 중요한 것은 사실이지만, 하이트 맥주만 깨끗한 물을 사용하고, 경쟁사의 맥주들이 그냥 수돗물을 사용한 것은 아니었기 때문이다. 영리한 마케팅 덕분에 소비자들은 하이트 맥주가 다른 맥주에 비해 더 깨끗한 물을 사용한다는 인식을 갖게 됐고, 하이트 맥주는 순식간에 시장점유율을 뒤집어놓았다.

최근에는 클라우드 맥주가 출시되면서 '물 타지 않은 맥주'라는 것을 강조하는 카피를 사용했다. 이는 곧 다른 맥주들은 물을 탔다는 것을 암시하는데, 엄밀하게 말해서 모든 맥주는 물을 기반으로 만드니 물을 타지 않은 맥주는 없다. 맥주를 발효시킬 때 조금 높은 도수로 발효시킨 후에 물을 타서 적정 도수를 맞추는 것도 보편적이고 흔한 양조법이다. 따라서 물 타지 않은 맥주라는 것은 실제로 별 의미가 없는 것이지만, 소비자들이 받아들이기에는 클라우드 이외의 다른 맥주는 물을 타서 밍밍한 맥주라는 암시를 강하게 받는다. 특히 한국 맥주는 싱겁다는 인식이 팽배한 상황에서 클라우드의 광고는 사람들의 인식을 잘 파고든 전략으로 성공을 거두었다.

크래프트 비어 펍의 메뉴를 보면 각 맥주 스타일별 특성을 표시하는 용어가 있다. 알코올 도수와 색상 쓴맛등을 표시한 용어인데, 이것을 보면 대략 어떤 맛일지 짐작할 수 있기에 맥주를 선택하는데 유용하다. 기본적으로 맥주 스타일을 결정하는 몇 가지 용어를 알고 있으면 많은 종류의 생소한 맥주를 놓고 결정해야 할 때 참고해 판단을 내릴 수 있다. 기본적으로 꼭 알아둬야 할 맥주 용어를 살펴보면 다음과 같다.

01

ABV Alcohol By Volume 혹은 ABW Alcohol By Weight

맥주의 알코올 함유량을 의미한다. ABV 4%라면 알코올 도수가 4도라는 의미다. ABV와 ABW는 각각 부피와 무게에 비례한 알코올 함량을 의미하기에 엄밀하게 따지면 다른 개념이지만 통상적으로 거의 같은 개념의 알코올 도수를 나타내는 수치라고 이해하면 된다.

맥주 스타일별로 정해진 알코올 함유량 기준이 있기에, 특정스타일 맥주는 ABV도 비슷하다. 예를 들어 일반적인 밀맥주의 경우 대략 4% 내외의 ABV이며 도수가 강한 임페리얼 스타우트의 경우는 종종 10% 이상의 ABV를 갖기도 한다. 에일 맥주는 특성상 향이 풍부하고 부드럽게 넘어가기에 높은 ABV를 가진 맥주를 무심코 마시다보면 나도 모르게 크게 취해버릴 수 있다. ABV를 유의해서 살펴봐야 할 이유다. 유명한 벨기에 맥주 두벨Duvel은 악마라는 뜻인데, 부드러운 맛에 속아 마시다가 악마의 유혹에 넘어갈 수 있다는 것을 경계해야 할 이름이니 적절한 작명이다.

02

IBU International Bitterness Units

맥주의 쓴맛을 표시하는 기준이다. 0~100 스케일로 표시된다. 홉을 많이 넣을수록 쓴맛이 강해지기에 IBU가 높은 맥주는 쓴맛이 강한 맥주다. 양조 과정에서 홉을 넣는 시점에 따라 쓴맛과 홉의 향이 우러나는 지점이 틀리므로 IBU가 높다고 반드시 홉 향이 강한 것은 아니지만 일반적으로 IBU가 높다는 것은 어쨌거나 투입된 홉의 양이 많다고 보면 된다. 홉을 많이 넣은 IPA 맥주의 경우 IBU가 70 이상으로 높아지는 경우도 흔하다.

개인 취향에 따라 쓴맛을 선호하면 IBU가 높은 맥주를, 부드럽고 깔끔한 맥주를 선호한다면 IBU가 낮은 맥주를 선택하면 된다. IBU 수치는 쓴맛에 대한 개인 선호도에 따라 선택할 수 있는 기준을 어느 정도는 제공한다. 하지만 기본적으로 맥주의 맛은 여러 요소의 조합이기 때문에 IBU가 맥주의 맛을 정확하게 알려주는 척도는 아니다.

맥주 종류에 따른 쓴맛 정도를 일반적으로 분류해 보면, 아메리칸 라이트 라거American Light Lager는 8~12 정도의 IBU이고, 스코티시 에일 10~20, 포터 20~40, 잉글리시 비터 30~40, 스타우트 30~50, 인디아 페일 에일 IPA 60~80, 더블 IPA 80~100, 발리와인 70~100 정도로 보면 대체적으로 맞다. 쓴맛 정도와 맥주 알코올 농도 그리고 풍미와는 큰 상관관계는 없다. IBU가 높다고 해서 도수가 높은 맥주는 아니며 마찬가지로 IBU가 낮다고 약한 맥주는 아니다. IBU는 홉을 투입한 시점과 양에 따라 결정되며 맥주의 쓴맛의 나타내는 척도이지 맥주의 도수와는 관계가 없다.

03

SRM Standard Reference Method

맥주의 색을 표시하는 수치이다. 보통 2~40 사이의 수치로 표시한다. 수치가 높을수록 색깔이 진하다. 수치가 낮을수록 밝은색 맥주다. 맥주의 색이 맛을 좌우하는 것은 아니다. 색깔이 진한 맥주가 맛도 진할 것이라 착각할 수 있는데, 사실 맥주의 색깔과 맛과는 그다지 큰 관계가 있지는 않다.

예를 들어 밝은 맥주인 페일골드는 SRM 4 정도고, 어두운 맥주인 스타우트 계열은 SRM 40을 넘어가지만, 이 수치가 맛과 결정적인 상관관계가 있는 것은 아니다. 맥주를 양조하는 양조장의 관점에서 볼 때 맥주의 질을 통제하기 위해 유용하게 사용하는 수치는 될 수 있지만, 맥주를 마시는 사람 입장에서는 크게 신경쓸 필요는 없는 수치다.

다만 시각적으로 보이는 맥주의 색깔에 따라 마시는 사람의 기분에 영향을 미칠 수 있기는 하다. 스타일별로 맥주를 평가하는데 있어서 하나의 기준으로 사용되고 있기에 스타일 분류에서 중요한 요인이지만, 맥주의 맛 자체와는 큰 관계가 없다.

맥주의 색은 라거 맥주가 전 세계 맥주 시장을 점령하는데 결정적인 역할을 했다는 견해도 있다. 과거 에일 맥주는 진한 색이었으나 당시에는 맥주잔이 불투명한 도자기나 금속잔을 사용했기에 맥주 색이 그다지 중요하지 않았었다. 그러나 유리잔이 유행하고 맥주를 유리잔에 마시기 시작하면서 사람들이 맥주의 색에 민감해지기 시작했고, 마침 플젠에서 만든 밝은 황금빛의 필스너 라거 맥주는 사람들의 눈을 사로잡았다. 이후 라거가 맥주 시장을 지배하게 됐다는 것이다. 따지고 보면 유리잔이 맥주의 판도를 결정지었다는 것인데, 물론 공식적으로 인정받는 견해는 아니고 하나의 가설이다. 하지만 확실히 밝은 황금빛 라거 맥주는 보기에도 시원하고 청량해보이기에 맥주 색이 사람들의 기호에 영향을 어느 정도 미친 것은 사실이라고 봐도 큰 무리는 없을 것이다.

수제 맥주 바이블

04

비중 Gravity

맥주의 비중은 맥주에 포함된 당 성분을 의미한다. 발효 시작하기 전의 오리지널 비중(OG)과, 발효가 끝난 후 최종 비중(FG) 2가지를 측정하게 되는데, 이는 맥주의 도수와 맛의 바디감과 관계가 있다. 맥아의 양과 종류와도 밀접한 관계가 있다. 최종적으로 맥주에 포함되어 있는 당 성분의 비중을 알 수 있게 해주는 수치이므로 맥주의 풍미가 어떨지 어느 정도 짐작할 수 있게 만들어준다. 그래서 맥주에 OG와 FG를 표기하는 맥주도 있다. 일반 맥주 애호가들이 굳이 알고 마실 필요는 없지만 직접 맥주를 홈브루잉한다면 매우 중요한 수치다.

맥주를 만들기 위해 몰트를 당화시키고 난 후, 효모를 투입하기 직전 맥아즙의 당 비중을 의미한다. 이 수치가 높으면 당화된 맥아즙의 당 비중이 높으므로 맥주의 알코올 도수가 높아진다. 1.040 정도의 비중이면 대략 4도 정도의 맥주가 만들어진다. 맥아의 양이 많을 수록 맥아즙 속의 당성분이 높아지므로 이 수치가 높아져서 IPA나 임페리얼 스타우트와 같은 도수가 높은 맥주는 1.080을 훌쩍 넘는 수치를 보일 수 있다. 물론 그만큼 사용하는 몰트의 양도 증가하기에 맥주를 양조하는데 더 많은 비용이 들어간다. 높은 도수의 맥주가 더 비싼 이유다.

발효가 끝나고 난 후, 남아있는 당 성분의 비중을 의미한다. 비중 1.0이 물이므로, 1.0에 가까울수록 남은 당이 거의 없다는 것을 의미한다. 효모가 당을 분해하는 효율에는 한계가 있고 맥아즙을 만드는 당화 과정의 온도 등의 요인에 의해 효모가 분해할 수 있는 당의 분량이 결정되므로 최종 비중은 여러 요인에 의해 달라진다. 통상 최종 비중은 1.012 정도를 보는데, 1.020에 가깝게 되면 남아있는 당 성분이 꽤 있으므로 당 성분에서 오는 단맛이 풍부한 맥주가 된다. 따라서 FG는 맥주의 맛과 밀접한 관계가 있다.

라거 맥주를 만드는 하면발효 효모는 더 많은 당을 분해하기 때문에 라거 맥주는 남아있는 잔당이 에일에 비해 적다. 반면 상면발효 맥주인 에일은 남아있는 당 성분이 상대적으로 많다. 그래서 라거는 더 깔끔한 맛을 갖는데 비해 에일 맥주는 더 풍부한 몰트의 풍미를 갖는다.

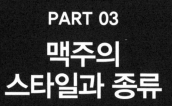

PART 03

맥주의
스타일과 종류

생맥주와 죽은 맥주 / 상면발효(에일)와 하면발효(라거) / 람빅 맥주 / 국가별 맥주 분류 / 맥주를 분류하는데 사용하는 용어

일러두기

맥주의 종류에서 그 순서는 대중성과 중요도를 기준으로 배열했다.

맥주의 종류는 셀 수 없이 많다. 크래프트 비어가 성행하는 요즘은 정확한 맥주의 스타일별 분류가 불가능할 정도로 다양한 맥주가 판매되고 있다. 맥주를 즐기는 데 있어서 굳이 모든 종류를 일일이 알 필요는 없으나 기본적인 맥주 분류법을 알고 있고, 그 기준에 대한 지식이 있으면 술자리에서 제대로 아는 척할 수 있다. 취하고 나면 맥주 종류를 구분하는 것은 사실 별 의미없는 일이지만 말이다.

맥주를 분류하는 기준은 여러 가지가 있다. 살균 여부에 따라 분류할 수도 있고, 효모의 종류에 따른 발효 방식으로 분류하기도 한다. 맥주의 종류가 다양한 만큼, 맥주를 분류하는 방법도 여러 가지다.

생맥주와 죽은 맥주

생맥주 곧 드래프트Draft/Draught 맥주는 원칙적으로 효모가 살아있는 맥주를 뜻한다. 양조장에서 발효를 마치고 난후, 살균/여과 과정을 거치지 않고 케그Keg 등의 용기에 담아 나온 맥주를 마시면 효모가 살아있는 상태의 맥주를 마시게 된다. 효모가 살아있는 맥주이기 때문에 생맥주다. 살균이나 여과 과정을 거치지 않았기에 살아있는 효모뿐 아니라 효소 등 다른 성분들도 포함되어 있어서 건강에도 좋고맛도 더 좋다. 그렇기에 생맥주를 더 선호하고, 생맥주임을강조해 판매하는 것이다.

반면 생맥주의 반대인 죽은 맥주(살균 맥주)는 시중에서 유통되는 거의 대부분의 병과 캔맥주에 해당된다.

맥주를 살균해 효모를 죽이는 이유는 유통과 보관을 위해서다. 효모가 살아있는 상태에서는 발효가 지속되어 맥주의맛이 변할 수 있고, 맥주가 상하기 쉬워 장기간 보관이 어렵다. 따라서 맥주 맛을 균일하게 유지시키는 것이 중요한 대규모 상업 양조에서는 맥주를 살균해 유통시킬 수밖에 없다.시중에 유통되는 맥주 대부분이 살균이나 여과과정을 거친죽은 맥주인 이유다.

생맥주를 파는 호프집에서 마시는 생맥주는 그렇다면 효모가 살아있는 생맥주인가? 유감스럽게도 한국의 생맥주집에서 유통되는 생맥주는 이름만 생맥주일 뿐 살균과정을 거친 죽은 맥주다. 양조장에서 발효를 마친 후 똑같이 살균이나 여과과정을 거치고 생맥주 통인 케그에 담겨져 나오면 생맥주로 팔리고, 병에 담아 나오면 병맥주로 팔린다. 결국 용기만 다를 뿐 내용물은 같은 맥주다. 다만 생맥주 통에 담겨 나오는 맥주는 상대적으로 유통이 빨리 되기에 조금 더 신선할 수는 있다. 하지만 기본적으로 호프집에서 파는 생맥주는 이름만 생맥주일 뿐 병이나 캔에 담긴 일반 맥주와 똑같은 죽은 맥주다.*

 ● 크림 생맥주 역시 맥주 크림이 더 풍부한 맥주라고 착각할 수 있는데, 잔 크기가 조금 더 작을 뿐, 똑같은 맥주다.

캔맥주에 '생'을 붙여 유통되는 맥주도 있는데, 이 경우도 실제로는 살균과정을 거쳐 효모를 제거한 맥주일 가능성이 높다. 미국 맥주 밀러의 경우 'Miller Genuine Draft'라는 명칭을 사용하는데, '드래프트'라는 단어가 들어갔다고 해서 생맥주인 것은 아니고, 그저 신선한 느낌을 주기 위한 마케팅 전략으로 사용하는 명칭일 뿐이다.

일본 캔맥주에 '생'이 붙은 맥주가 흔한데, 역시 효모를 제거한 죽은 맥주다. 다만 열처리로 살균을 하지 않고 효모와 효소 등을 필터로 걸러내는 비열처리 방식으로 살균을 한 경우라, 일본의 법규 체계 내에서는 이런 맥주를 생맥주라고 칭할 수 있기에 생맥주라는 명칭을 사용한다. 열처리 방식으로 살균을 하지 않았을 뿐, 효모를 제거한 맥주이기에 엄밀하게 말해서 생맥주라 할 수 없고, 생맥주의 특징을 가지고 있지도 않다.

영국에서는 케그에 담긴 맥주인 케그 비어Keg beer는 살균 맥주를, 캐스크에 담은 맥주인 캐스크 비어Cask beer는 생맥주Draft beer를 의미한다. 따라서 캐스크 비어의 유통기간은 매우 짧다. 빨리 유통해 마시지 않으면 맥주 맛이 변하고 상하게 된다. 전통적인 영국 맥주는 양조장에서 양조를 마친 맥주를 살균하지 않고 캐스크에 넣어 펍으로 보내고 펍에서 자연스럽게 2차 발효를 거친 후 마시게 되므로, 각 펍마다 개성있는 맛의 맥주를 마실 수 있다. 같은 양조장에서 만든 맥주라도 각각의 펍에서 2차 발효하는 방식에 따라 맛의 차이가 발생하는 것이다. 그렇기에 맥주가 오랜 기간 동안 동일한 맛을 유지하며 유통되는 것이 중요한 대규모 상업 양조장은 여과 및 살균과정을 거친 맥주를 유통하게 된다.

살균하지 않은 생맥주는 적절한 온도로 냉장해 유통하고 보존해야 하므로 비용이 많이 들어간다. 비용이라는 측면에서 대부분 상업 맥주는 살균한 맥주일 수 밖에 없다. 이런 점을 고려해본다면 시중에 유통되는 일반적인 맥주 중에서 진정한 생맥주를 찾기란 거의 불가능한 일이다.

맥주의 종류에 따라서 병에서 2차 발효와 숙성을 하도록 되어 있는 맥주가 있는데, 이런 맥주의 경우 병 바닥에 침전물이 가라앉아 있다. 이것은 효모가 발효하면서 만들어낸 부산물이 가라앉은 것으로, 마셔도 무방하다. 이런 맥주는 당연히 유통과 보관에 들어가는 비용이 높기에 가격이 비싸다. 가장 쉽게 효모가 살아있는 맥주를 찾아 마시고 싶다면, 편의점이나 마트 진열대에 놓인 수입 맥주 중에서 헤페바이젠 Hefe weizen(혹은 헤베바이스Hefeweiss)이라 쓰인 맥주를 찾으면 된다. 효모가 살아있는 밀맥주의 명칭이 헤페바이젠이다.

상면발효(에일)와 하면발효(라거)

맥주를 발효하는 방식, 즉 효모가 작용하는 방식에 따라 맥주를 크게 3가지로 분류할 수 있다. 높은 온도에서 발효하는 상면발효 효모가 발효시킨 맥주와 낮은 온도에서 발효하는 하면발효 효모가 만든 맥주, 그리고 자연 상태의 야생 효모가 발효시킨 람빅이다. 상면발효 맥주를 통상 에일이라 칭하고, 하면발효 맥주를 라거라 칭한다. 람빅은 람빅이다.

몰트를 끓여서 맥아즙을 만들고 여기에 효모를 투입하면 효모가 당을 분해하며 발효를 시작하는데, 상대적으로 높은 온도인 21도 부근에서 발효하는 효모(사카로미세스 세레비지에)를 사용하면 효모가 발효하며 떠오르는 성질이 있어서 이런 맥주를 상면발효 맥주라 한다.

반면 상대적으로 낮은 온도인 10도 이하의 온도에서 발효를 하는 효모(사카로미세스 파스토리아누스)를 사용하면 효모가 발효하며 밑으로 가라앉는다. 이런 맥주를 하면발효 맥주라고 한다. 전 세계 시장의 70% 이상을 하면발효 맥주인 라거가 차지하고 있다. 우리에게 익숙한 하이트나 카스와 같은 한국 맥주들은 거의 모두 하면발효 맥주인 라거다.

빠르면 상온에서 보통 3일에서 일주일 안에 발효가 끝나는 에일 맥주와 달리 라거 맥주는 10도 이하의 낮은 온도에서 발효하고, 발효 기간도 몇 주가 걸린다. 또한 1차 발효가 끝나고 나서도 1도 정도의 낮은 온도에서 숙성시키는 2차 발효과정을 거친다. 그 결과 에일과는 매우 다른 특성을 가진 맥주가 됐다. 에일과 비교했을 때 라거는 일반적으로 탄산의 특성과 시원한 느낌을 가진 맥주라고 하겠다.

1842년 플젠 지방의 이름을 딴 라거 맥주인 필스너 맥주가 탄생하고, 오늘날 필스너와 라거는 거의 동일한 의미로 쓰인다. 독일에서 처음 만들었으나 체코의 플젠에서 꽃을 피운 라거 맥주는 곧 유럽 전역으로 퍼져나가 맥주 시장을 평정했다. 원조인 에일 맥주를 밀어내고 20세기 접어들어서는 가장 인기있는 맥주로 세계 시장을 제패했다. 필스너 이전의 맥주는 대부분 진한 맛의 묵직한 맥주였으나, 가볍고 청량감 있고 깔끔한 맛의 필스너가 대세가 되면서 '맥주' 하면 당연히 라거 맥주를 떠올리게 됐다.

체코의 필스너를 선두로 유럽의 양조장들은 라거 맥주 생산에 뛰어들었고, 현재 우리가 알고 있는 대형 맥주 회사들, 즉 하이네켄이나 칼스버그 같은 역사와 전통의 양조장들도 라거 맥주 생산으로 돌아섰다. 이런 추세는 신생국 미국으로 건너가 버드와이저나 밀러와 같은 대형 맥주 회사들의 주종목도 라거 맥주다.

독일에서 시작된 라거 맥주가 전 세계를 휩쓸고 있기에 맥주의 종주국은 독일이라는 인식을 많은 사람들이 가지고 있다. 라거를 처음 만든 나라가 독일이니 일견 맞는 말이다. 독일이 라거의 종주국이라면, 영국은 에일 맥주의 전통을 이어온 에일 맥주 종주국이라 할 수 있다. 영국 사람들의 맥주 사랑은 유별나고, 영국은 아니지만 바로 옆 아일랜드의 에일 맥주인 기네스는 대표적 에일 맥주다.

라거가 맥주 시장을 평정하고 전통적인 영국의 에일 맥주가 위기에 처하자, 영국 사람들은 전통 맥주를 지키기 위한 단체를 결성해 행동에 나섰고, 그 결과 영국은 에일 맥주 종주국으로서의 명성을 잘 지켜냈다. '캠페인 포 리얼 에일 Campaign for Real Ale', 줄여서 '캄라CAMRA'로 불리는 이 단체는 영국이 에일 맥주 전통을 지키는데 결정적인 역할을 했다. 캄라에서 영국의 에일 맥주 전통을 지켜왔기에 최근 크래프트 비어 양조장들이 에일 맥주를 만드는 시도하는데 많은 도움이 됐다. 캄라에서는 전통적인 방법으로 양조한 맥주를 마실 수 있는 펍을 선정해 인증을 주기도 한다.

라거 맥주 일색이던 맥주 시장에서, 1980년대 이후 미국의 소규모 양조장에서 페일 에일 맥주를 생산하기 시작했고, 이는 지금의 수제 맥주 유행으로 이어졌다. 1980년 시에라 네바다 양조장에서 페일 에일을 만들며 라거 일색이던 맥주 시장에 변화의 바람을 일으키기 시작했다.

수제 맥주, 크래프트 비어의 유행이 시에라 네바다에서 만든 페일 에일에서 시작됐다 보니, 그 결과 수제 맥주라면 당연히 에일 맥주일 것이라는 선입견까지 생겼다. 라거에 밀려 근근히 명맥을 유지하던 에일 맥주의 대반격이다. 브랜드별로 큰 차이가 없는 라거 맥주에 길들여졌던 소비자들에게 다양한 맛을 가진 에일 맥주는 매우 신선하게 다가왔고, 라거에 밀려 사라질 뻔 했던 에일은 다시 각광받게 됐다.

라거에 비해 에일 맥주는 과일 향과 꽃향기 같은 풍성한 향이 맛을 더해준다. 최근의 수제 맥주 열풍은 사람들이 라거에서 찾아볼 수 없던 에일 맥주만의 독특한 향을 재발견하고 좋아하기 때문이다.

에일 맥주를 만드는 효모는 당을 분해하면서 알코올과 이산화탄소를 배출하는 동시에 다른 여러 화학물질들도 생성해낸다. 그중 하나가 에스테르인데, 이 에스테르는 다양한 향을 만들어낸다. 에일 효모는 라거 효모에 비해 더 많은 에스테르를 만들어내고, 그 결과 에일 맥주는 풍부한 향이 특징이다. 효모 종류에 따라 자몽, 바나나, 시트러스 등 다양한 과일이나 꽃향기가 나는 에일 맥주가 만들어진다.

사용한 효모 종류에 따라 수없이 많은 종류의 에일 맥주가 존재한다. 최근에는 라거 맥주도 다양한 효모와 홉의 조화로 인해 에일 맥주인지 라거 맥주인지 구별이 어려운 경우도 많다.

람빅Lambic 맥주

람빅 맥주는 벨기에 브뤼셀과 람빅Lembeek 지방에서 생산되는 맥주로 공기 중에 떠다니는 야생 효모를 이용해 발효한 맥주다. 따로 효모를 집어넣는 것이 아니라, 자연 상태에 놔두고 야생 효모가 자연스럽게 찾아와서 발효하는 방식으로 매우 특별한 종류의 맥주다. 그만큼 만들기도 어렵고 벨기에를 벗어나서는 찾아보기 어렵다.

다른 모든 맥주가 양조를 위해 잘 관리해 배양된 효모를 사용하는데 비해, 람빅은 공중에 떠다니는 야생 효모와 박테리아에 전적으로 의존해서 양조하기 때문에 상업 양조의 통제된 맛이 아니라 매우 독특한 맛을 가지고 있다.

람빅은 발효를 위해서 대략 60~70% 정도의 보리 몰트와 30~40% 정도의 몰트화하지 않은 생 밀을 사용해 맥아즙을 만든다. 맥아즙이 만들어지면 그대로 공기 중에 노출시켜 부유하는 효모와 박테리아가 자연스럽게 발효를 시작하도록 한다. 발효가 시작되면 포르투갈에서 수입한 포트 와인이나 셰리주 배럴, 또는 와인 배럴에 옮겨 담고 숙성을 한다. 람빅은 오랜 숙성 기간을 거치는데 통상 몇 년에 걸쳐 숙성시킨다. 최소 3년 이상이 걸리기에 만드는데 오래 걸리고 까다로운 맥주다.

국가별 맥주 분류

효모 종류에 따른 발효 방법의 차이는 맥주의 맛을 결정짓는데 있어서 가장 중요한 요인이지만, 일반 맥주 애호가들이 딱히 알고 있어야 할 필요는 없다. 오히려 친숙하게 맥주를 분류하는 방법은 맥주가 생산되는 국가의 스타일에 따라 분류하는 것이다. 일반 소비자 입장에서는 영국 맥주, 혹은 독일 맥주라고 하면 딱 와 닿고 쉽게 이해할 수 있으니 말이다.

맥주의 스타일에 있어서 중요한 영향을 미친 주요 생산 국가는 독일, 영국, 아일랜드, 벨기에, 체코 그리고 미국을 꼽을 수 있다. 이들 국가별 맥주를 분류해보면 현재 생산되는 맥주 종류 대부분을 망라한다.

영국 / 아일랜드 맥주

영국은 맥주 역사에 있어서 빼놓을 수 없는 중요한 국가다. 현재 만들어지고 있는 맥주의 스타일 중 상당수가 영국에 뿌리를 두고 있다. 특히 에일 맥주는 영국이 종주국이라

해도 과언이 아니다. 영국인들은 주로 퍼블릭 하우스Public house의 줄임말인 펍Pub이라 불리는 술집에서 맥주를 마시는데, 영국인들의 펍에 대한 사랑은 대단하고, 아이리시 펍과 더불어 영국의 펍 문화는 전 세계적으로도 유명하다.

아일랜드도 맥주에 있어서는 둘째가라면 서러워할 민족이다. 세계 어디를 가도 아이리시 펍을 발견할 수 있는데 그만큼 아일랜드 사람들에게 펍은 가장 중요한 문화다. 흑맥주 하면 떠오르는 기네스로 대표되는 포터/스타우트를 전 세계 사람들이 즐길 수 있도록 만든 나라이기도 하다.

런던을 중심으로 한 영국의 펍에서는 캐스크 비어Cask beer라는 독특한 맥주 문화를 발전시켰다. 양조장에서 만들어진 맥주가 캐스크에 담겨 펍으로 옮겨진 후, 펍의 저장실에서 2차 발효와 숙성을 하고 나서, 인위적인 탄산화 과정 없이 효모가 살아있는 상태 그대로 마시게 된다. 캐스크의 맥주는 손 펌프를 사용해 맥주를 캐스크에서 퍼올려 잔에 담는다. 스파클러라는 장치가 펌프에 달려 있어서 맥주에 공기를 혼합해 마신다. 캐스크 비어는 통상 10도에서 14도의 온도에서 마시고, 영국 펍의 이런 독특한 시스템으로 인해 다른 곳의 맥주와는 차별화 된 맛을 가진다.

수제 맥주 바이블

영국 맥주의 역사는 기원전으로 거슬러올라간다. 기원전 54년에 로마군이 영국에 왔을 당시 이미 영국인들은 맥주를 만들어 마시고 있었다. 로마시대의 영국에서는 가정에서 만들어 마시는 맥주는 물론 상업 맥주도 만들어졌다. 이 당시에는 아직 홉이 소개되지 않았을 시절이라 홉 대신에 허브를 비롯한 다른 식물들이 맥주의 향과 보존을 위해 사용했다.

중세로 접어들면서 맥주는 영국의 모든 계급에서 즐기는 음료로 자리 잡았다. 상당한 영양소를 포함한 맥주는 영국인들이 매일같이 식사와 더불어 마시는 음료였고, 평균적으로 1년에 300리터 정도를 마셨다. 주로 가정주부들이 맥주를 만들었으나, 1342년에 런던에서 양조 길드가 결성되는 등 남자들이 맥주 양조의 전면에 나서면서 조직화되기 시작했다.

영국에서는 맥주를 관리하는 시스템도 발달했다. 에일 코너Ale conner 또는 에일 테이스터Ale taster라 불리는 맥주 감정관이 각 지역별로 임명되어 맥주의 질을 관리하고 적절한 가격이 유지되도록 하는 등 맥주를 체계적으로 관리하는 시스템이 발전했다.

영국에 홉을 사용한 맥주가 소개된 것은 1400년경으로 추정된다. 네덜란드를 통해 홉을 사용한 맥주가 수입됐고, 1428년에 영국에서 홉을 재배하기 시작했다. 이후 영국 맥주에 홉이 사용되기 시작했으며 차츰 대세로 자리 잡게 됐다. 처음에는 홉을 넣지 않은 전통적 맥주인 에일과 구별하기 위해 홉을 넣은 맥주를 비어라 칭했는데, 차츰 모든 맥주에 홉이 들어가면서 비어는 맥주를 통칭하는 단어가 되었다.

18세기는 영국 맥주에 있어서 매우 중요한 시기다. 1700년대에 접어들면서 새로운 스타일의 맥주인 포터Porter가 처음 등장했다. 색이 진한 맥주인 포터는 흔히 흑맥주로 알려져 있다. 런던에서 처음 만들어진 포터는 양조장에서 숙성을 마치고 나온 맥주로, 즉시 마실 수 있는 맥주였다. 포터 이전의 맥주는 대부분 양조장에서 영비어Young beer● 상태로 출고되어 펍이나 유통과정에서 2차 숙성을 거쳐야 마실 수 있었으므로, 양조장에서 나오자마자 마실 수 있는 맥주는 포터가 처음이었다.

● 발효가 갓 끝난 맥주를 영비어라 하는데, 맥주 종류에 따라 적정한 기간 동안 숙성이 필요하다.

런던에서 만들어진 포터는 곧 아일랜드로 건너가서 꽃을 피우게 된다. 더블린의 양조업자 기네스에 의해 포터는 개성있는 맥주로 사랑받게 됐다. 곧 영국의 포터와 구별해 아일랜드의 포터는 스타우트로 불리게 됐다. 기네스는 가장 대표적인 스타우트 맥주 브랜드가 됐고, 지금도 전 세계적으로 사랑받는 맥주다.

18세기에 만들어진 또 다른 중요한 맥주는 IPA 즉 인디아 페일 에일이다. 페일 에일 맥주는 기존의 타버린 몰트로 만들어진 진한 색깔의 맥주에 비해, 코크스를 사용해 적당히 볶은 몰트로 만든 밝은 색깔의 맥주를 지칭한다. 페일 에일 맥주는 영국인들이 보편적으로 즐기는 맥주로 자리 잡았는데, 영국이 식민지를 개척하며 페일 에일 맥주도 영국의 식민지가 있는 곳으로 수출하게 됐다.

영국의 가장 크고 중요한 식민지였던 인도에 거주하는 영국인들을 위해 수출한 맥주를 인디아 페일 에일이라 부르게 됐고 영국이 만들어낸 대표적인 맥주 스타일 중 하나가 됐다.

펍의 지하 저장고에서 직접 맥주를 뽑아올리는 수동 펌프가 1797년에 조셉 브라마에 의해 발명됐고, 이후 영국의 펍은 이 기계를 사용해 맥주를 서빙하면서 이는 영국 맥주의 특징으로 자리 잡았다. 19세기에 들어서며 유럽 대륙에서 라거 맥주가 수입됐으나 영국에서 큰 존재감을 갖지는 못했다. 대부분의 펍은 마일드 에일을 가장 많이 팔았는데, 초창기 마일드 에일은 이름과 달리 알코올 도수가 5도에서 7도가량의 높은 도수를 자랑했다. 그러나 19세기에서 20세기에 걸쳐 세금 정책의 변화 등 여러 이유로 마일드 에일의 도수는 많이 낮아지게 됐다.

영국 맥주가 대체적으로 알코올 도수가 낮아지게 된 것은 세금 정책의 영향이 매우 컸다. 영국에서는 맥주를 만들기 위해 사용된 맥아의 무게를 기준으로 세금을 매겼다. 하지만 영국 정부가 계속 세금을 올리면서 맥주 가격도 올라갔는데, 1880년에 글래드스턴 총리가 맥아의 무게가 아닌 알코올 도수에 따라 세금을 매기도록 정책을 변경했다. 이때부터 영국 맥주는 높은 세금을 피하기 위해 알코올 도수가 낮아지기 시작했다.

한때 인기를 구가했던 영국의 IPA는 바뀐 세금 정책으로 인해 점점 알코올 도수가 낮아지고 싱거운 맥주가 됐다. 그 결과 영국에서 IPA는 내리막길을 걷게 됐고, 결국에는 그저 그런 페일 에일 맥주가 됐다. 더구나 맥주가 노동 계급의 업무 효율을 저해한다는 주장이 제기되고 금주 운동이 확산되면서 높은 도수의 맥주는 영국에서 설자리를 잃어버렸다. 영국에 대한 보편적 인식 중에 '펍은 훌륭하고, 맥주는 미지근하고, 음식은 맛없는 곳'이라는 말이 있는데, 맥주가 미지근하다는 것은 영국 펍에서는 알코올 도수가 약한 페일 에일 맥주를 10도 이상의 온도에서 서빙하기 때문에 생겨난 말이다.

20세기 초에는 탄산의 압력으로 맥주를 끌어올리는 기술이 소개됐고, 이후 많은 펍에서 수동 펌프보다 탄산 압력 펌프를 사용하게 됐다. 맥주를 살균하기 시작하면서 인공적으로 탄산압을 가한 맥주가 자리 잡게 됐고 이런 형태는 1960년대 이후에 영국에서 보편적인 맥주가 됐다.

새로운 기술이 자꾸 득세하고 라거 맥주가 대세가 되어 가는 등 전통적인 영국 에일 맥주가 사라질 위기에 처하자 영국 맥주 애호가들이 팔을 걷고 나섰다. 1971년에 전통적인 영국 맥주를 보존하자는 움직임이 일어났고 소비자 단체 캄라CAMRA, Campaign for Real Ale가 결성됐다. 이 단체는 전통적인 방법으로 살균하지 않고 캐스크에 담아 탄산압을 사용하지 않고 서빙되는 맥주를 '리얼 에일'로 규정하고 적극적으로 보호에 나섰다. 또한 라거와 대비해 에일이라는 명칭을 사용했고, 그 결과 전 세계적으로 라거와 구별해 상면발효 맥주를 통칭해 에일이라 지칭하게 됐다.

캄라에서는 전통을 지키고 있는 펍에 대해 인증을 하기도 하고, 영국 맥주 스타일에 대한 가이드라인도 제시하는 등 영국 맥주의 전통을 이어 나가기 위한 다양한 노력을 기울이고 있다. 전통을 중요시 여기는 영국인의 기질이 잘 드러나는 사례다.

20세기와 21세기를 거쳐 영국 맥주도 많은 변화가 있었고, 마이크로 브루어리에서 생산하는 다양한 종류의 크래프트 비어가 영국에서도 유행하게 됐다. 에일 맥주의 종주국답게 다양한 크래프트 비어가 영국에서 생산되어 국제적인 인기를 얻고 있다.

영국과 아일랜드 맥주의 종류

영국 맥주 스타일은 대체로 비터, 브라운 에일, 마일드 에일, 올드 에일, 포터/스타우트로 분류한다. 각 스타일은 독자적인 특징을 가지고 있고 에일 맥주의 종주국으로서 현대 에일 맥주의 스타일에 많은 영향을 주었다.

비터Bitter와 페일 에일Pale ale

비터는 홉 향이 적절하게 가미된 영국의 페일 에일 맥주를 통칭하는 스타일이다. 낮게는 3.5%의 알코올 함량에서부터 7% 정도까지의 도수를 갖는다. 기본적으로 밝은 황금색 맥주다. 페일 에일이라는 명칭도 색깔이 엷기 때문에 창백한Pale 맥주라고 불리게 됐다. 라거 맥주와 비교하면 진한 색깔이지만, 페일 에일이 처음 등장할 당시 유행하던 맥주는 포터와 같은 매우 진한 색의 맥주였기에 상대적으로 밝은색이라는 의미에서 페일 에일이라 불리게 됐다.

비터는 '쓰다'는 뜻인데, 현재의 맥주들에 비하면 그렇게 쓴맛이 강한 맥주는 아니다. 역시 페일 에일이 처음 만들어질 당시 유행하던 포터에 비해 쓴맛이 강했기 때문에 비터라고도 불리게 됐다. 알코올 도수가 높지 않아서 펍에서 사람들과 담소를 나누며 오랜 시간 마시기 좋은 맥주다. 비터라는 명칭은 1842년 9월 5일자 〈타임〉지에서 처음 활자화했고, 이후 1846년경 '비터 비어'라는 노래가 나오기도 했다. 비터라는 명칭이 인기를 끌자 양조장에서 아예 맥주 이름을 페일 에일에서 비터로 바꾸기 시작했고, 영국에서 가장 보편적인 맥주가 됐다.

비터에는 여러 종류가 있는데, 양조장마다 다른 명칭을 사용하는 경우도 있다. 일반적으로 비터는 세션, 베스트, 프리미엄의 3가지로 분류하고, 골든에일과 IPA는 비터와 별개로 보기도 하지만, 기본적으로 페일 에일 계열의 맥주라는 측면에서 같은 카테고리인 비터로 분류한다.

① 세션Session과 오디너리 비터Ordinary bitter

ABV 4.1% 이하의 맥주다. 영국 IPA를 표방하는 맥주 중 상당수가 이 카테고리에 속한다. Greene King IPA, Flowers IPA, WadworthHenrys Original IPA 등의 맥주가 세션 비터로 분류되는 맥주 상표들이다. 18세기에 인도로 수출되던 IPA나 알코올 도수가 높고 홉 향이 강한 현대 미국 크래프트 비어 양조장의 IPA와는 많은 차이가 있다. 따라서 흔히 알고 있는 IPA와 혼동을 피하기 위해 영국 IPA는 그냥 비터라고 알고 있으면 된다. 알코올 도수가 많이 낮고 홉 향도 덜하다.

② 베스트 비터Best bitter

ABV 3.8~4.7도 사이에 속하는 비터를 베스트 비터라고 한다. '베스트'라고 해서 최고의 비터라는 의미는 아니고, 비터 맥주 중에서 중간 정도의 맥주라고 보면 된다. 평범한 알코올 도수와 맛을 가진 비터이고 영국에서 대중적으로 사랑받는 맥주다. 대표적인 맥주로 풀러스Fuller's의 런던 프라이드London Pride가 유명하다.

③ 프리미엄 비터Premium bitter와 엑스트라 스페셜 비터Extra special bitter

ABV 4.8도 이상의 비터를 프리미엄 비터라고 한다. 영국의 유명 맥주 브랜드 풀러스는 프리미엄 비터를 엑스트라 스페셜(ESP)이라는 명칭을 사용한다. ESP는 풀러스에서 등록한 상표이기에 다른 양조장의 맥주에서 이 명칭을 사용할 수 없고, 따라서 프리미엄 비터라는 명칭을 사용한다. 즉 프리미엄 비터와 ESP는 기본적으로 같은 맥주다. 풀러스 양조장에서 생산한 프리미엄 비터가 ESP인 셈이다.

④ 인디아 페일 에일India pale ale IPA

세션 비터에서 다루었듯이 기본적으로 IPA는 세션 비터에 속하는 맥주다. 과거 인도로 수출하던 맥주와는 차이가 있고 도수와 홉 향이 낮다. 하지만 최근 들어 18세기 IPA로 회귀하려는 움직임이 있고, 5.5% 이상의 알코올 도수와 진한 홉 향을 가진 IPA가 만들어지고 있다.

일반적으로 18세기 IPA는 인도로 수출하는 동안 상하는 것을 막기 위해 홉을 많이 넣고 알코올 도수를 높인 맥주로 알려져 있으나, 이는 전혀 근거 없는 낭설이라는 견해도 있다. 현대 크래프트 비어 분류 기준에서 IPA 스타일은 다량의 홉을 사용해 홉 향이 강하고 알코올 도수도 높은 맥주를 의미한다. 세션 비터에 속하는 IPA와는 차이가 있으니 구별에 유의해야 한다.

⑤ 골든 에일Golden ale

에일 맥주의 종주국인 영국에서도 라거 맥주는 점차 인기를 끌기 시작했고, 급기야 맥주 시장의 대세가 됐다. 라거

맥주의 인기에 대항해 만든 라거 풍의 에일 맥주가 골든 에
일이다. 20세기 후반에 만들어진 맥주로 1989년 홉 백 브
루어리Hop Back Brewery의 존 길버트John Gilbert가 처음 만
들었다. ABV는 4~5% 사이의 도수를 가지고 있다. 에일 맥
주이면서 라거의 상쾌한 특성을 가지고 있어서 인기를 끌고
비슷한 스타일의 맥주를 만드는 양조장이 여럿 생겨났다.

브라운 에일Brown ale

쓴맛이 나는 페일 에일에 맞서서 영국 북부인 뉴캐슬에서
만들어진 맥주다. 페일 에일에 비해 쓴맛이 덜하고 이름 그
대로 갈색의 맥주다. 크리스털 몰트를 사용해 캐러멜과 초콜
릿 맛이 난다.

마일드 에일Mild ale

일반적으로 도수가 낮고 홉 향도 약한 맥주를 의미한다.
비터보다 홉을 덜 사용한 맥주다. 과거에는 마일드의 도수가
지금보다 더 강해서 6% 정도의 맥주였으나, 현대 영국의 마
일드는 3~3.6% 정도의 도수를 가지고 있는 맥주다. 16세기
영국에서 홉이 들어오기 이전에 홉을 사용하지 않았던 전통
적인 맥주의 후예 격이라 생각하면 된다. 가격이 저렴하고,

수제 맥주 바이블

도수가 낮아서 노동자들이 점심에 마시는 음료의 성격을 가지고 있다.

포터Porter와 스타우트Stout

영국 맥주가 전 세계 맥주에 미친 가장 큰 영향이라 할 수 있는 맥주는 포터다. 우리가 통칭 흑맥주로 알고 있는 포터는 18세기 런던에서 처음 만들어진 짙은 갈색 맥주다. 19세기 들어와서는 검은색을 보이는 맥주로 진화했다. 포터라는 명칭은 이름에서 추론할 수 있듯이, 런던의 일용 노동자들이 사랑하던 일꾼들의 맥주였다. 우리의 막걸리와 같은 술이라 보면 정확하다. 노동자의 피로를 풀어주고 부족한 영양을 채워주는 술이 포터다.

스타우트는 종종 포터와 혼용되는데, 원래는 알코올 도수가 강한 포터를 스타우트, 또는 스타우트 포터라 불렀다. 스타우트 포터는 세월이 흐르며 도수가 낮아졌고, 종국에는 일반 포터보다 도수가 조금 높은 맥주를 단순하게 스타우트라 부르게 됐다. 요즘에는 포터와 스타우트는 기본적으로 같은 의미라고 보면 된다. 간혹 포터와 스타우트를 재료 등에 따라 분류한다는 견해도 있는데 일반적으로 인정받는 기준은 아니다. 캄라의 기준에는 포터와 스타우트가 다른 몰트를 사용하는 것으로 규정하고 있다.

요즘은 아일랜드에서 만든 포터를 스타우트라고 구별해서 칭하고 있다. 따라서 아일랜드에서 만든 흑맥주가 스타우트인데, 사실 이런 구별은 큰 의미는 없고 큰 틀에서 포터와 스타우트는 같은 맥주라고 생각하면 된다. 다만 기네스로 대표되는 아일랜드 스타우트가 세계 시장을 제패하고 있는 만큼 이제 스타우트는 아일랜드에서 만든 흑맥주를 의미하는 명칭이 됐다고 이해하면 된다.

과거 기네스에서 만들었던 포터는 ABV가 강해서, 보통 6%였다. 기네스의 스타우트는 7~8%의 강한 도수를 가진 맥주였다. 현대의 포터와 스타우트는 도수가 많이 내려와서 보통 4% 내외고 스타우트의 경우에도 4%에서 8%까지의 도수를 가진다.

일반적으로 맥주가 이산화탄소로 탄산화되는데 비해, 기네스는 질소와 이산화탄소의 결합으로 탄산화한다. 그 결과 기네스의 맥주 거품은 매우 풍부하고 부드러워서 기네스만의 독특한 개성으로 자리 잡았다. 질소와 이산화탄소의 차이로 인해 기네스 맥주를 잔에 따르면 거품이 밑으로 내려가는 현상을 볼 수 있는데, 이 또한 기네스만의 특징으로 맛뿐 아니라 시각적 효과도 만점이다.

수제 맥주 바이블

올드 에일Old ale

산업혁명 이전에 만들던 스타일의 맥주를 올드 에일이라 분류한다. 나무통에 담겨 몇 달에서 길게는 몇 년 동안 숙성시킨 맥주로서, 종종 야생 효모와 나무통의 작용으로 신맛이 나는 맥주이다. 도수가 4~6.5% 정도고, 최근 여러 양조장에서 이 스타일의 맥주를 양조해 다시 시장에 내놓고 있다. 맥주 이름에 올드가 들어가는 경우가 많다.

발리 와인Barley wine

보리 와인이라는 뜻이니 이름 자체가 모순이다. 이런 이름을 가지게 된 것은 영국과 프랑스와의 관계에서 기인했다. 18세기와 19세기에 영국과 프랑스는 종종 전쟁을 벌였다. 영국의 애국자들 특히 상류층 영국인들이 프랑스산 와인을 마시기를 거부하고 영국산 에일을 마셨는데, 이런 수요를 위해 만들어진 맥주다. 와인의 특성을 지닌 맥주라고 보면 되겠다.

와인에 필적하는 10~12% 알코올 도수를 가졌다. 몰트의 단맛과 각종 과일과 꽃향, 때로는 초콜릿과 커피 향을 포함한 맥주다. 올드에일과 같은 의미로 쓰이기도 한다. 굳이 구별한다면 올드에일은 도수가 조금 더 낮고 생맥주로 마실 수 있는 반면, 발리 와인은 도수가 더 높고 병맥주로 마신다는 차이가 있다.

비슷한 맥주로 스코틀랜드에서 생산되는 위 헤비 스코티시 에일Wee Heavy Scottish Ale이 있다.

스코티시 에일Scottish ale과 스코치 에일Scotch ale

스코틀랜드에서 생산되는 맥주로 이름은 비슷하나 종류는 다른 맥주다. 전통적인 스코틀랜드 맥주는 스코티시 에일이라고 한다. 몰트의 풍미가 강하고 홉 향은 약한 특징을 가지고 있다.

스코치 에일은 에든버러에서 수출용으로 만들어진 맥주로, 알코올 도수가 높고 바디감이 강한 맥주다. 벨기에 수도원 맥주와 비슷한 맛을 가지고 있다.

아이리시 레드 에일Irish red ale

아일랜드에서 양조되는 맥주는 일반적으로 아이리시 레드 에일이다. 살짝 붉은색을 보이는 맥주이며 알코올 도수는 3.8~4.4% 정도다.

ENGLAND

맥주의 종류

BEER

영국/아일랜드

ISLAND

세션과 오디너리 비터

베스트 비터

프리미엄 비터

골든 에일

인디아 페일 에일

브라운 에일

마일드 에일

포터와 스타우트

올드 에일

발리 와인

스코티시, 스코치 에일

아이리시 레드에일

독일의 맥주

'맥주' 하면 바로 떠오르는 국가는 독일이다. 유명한 맥주 축제인 옥토버페스트는 맥주 문외한이라도 한 번쯤 들어봤을 축제 이름이고, 반대로 독일 하면 가장 먼저 떠오르는 이미지 역시 맥주와 소시지다. 독일과 맥주는 불가분의 관계에 놓여있을 만큼 맥주는 독일 문화에 있어 핵심적인 부분이다. 현재 독일에는 약 1300여 개의 맥주 양조장이 있고, 개성 넘치는 맥주 스타일이 15~20종 이상 된다. 과거에는 훨씬 더 다양한 종류의 맥주가 있었지만 맥주순수령 이후 종류가 많이 줄었다.

독일이 맥주 종주국으로서의 이미지를 각인시킨 것은 물론 독일인들의 유별난 맥주 사랑에 기인하지만, 현재 세계 맥주 시장을 석권하고 있는 라거 맥주를 처음 만든 곳이 독일이기에 종주국의 이미지를 갖게 됐다.

서늘한 기온에서 발효하는 특성을 가진 효모가 유럽 대륙으로 넘어와서 하필 독일의 수도원에서 발효를 시작한 것은 전적으로 우연이었다. 하지만 그 결과 하면발효 맥주인 라거가 독일에서 처음 만들어졌고, 이후 세계적으로 가장 사랑받는 맥주가 됐으니 독일이 맥주의 종주국이라 해도 틀린 말은 아니다. 엄밀하게는 '라거 맥주의 종주국'이라 해야 정확

수제 맥주 바이블

한 말이 되겠지만.

독일이 맥주 종주국의 이미지를 다지게 된 것은 라거 맥주를 처음 만들었다는 사실과 더불어 맥주순수령을 제정해서 맥주 만드는 방식을 엄격하게 제한했다는 점도 크게 작용했다. 아이러니하게도 독일은 라거의 종주국이고 맥주는 보리 맥아로만 만들어야 한다는 법령까지 제정했음에도, 밀맥주인 바이젠Weizen이 유명하다. 밀을 의미하는 바이젠은 독일에서는 그냥 밀맥주를 의미할 정도다.

독일의 대표적 맥주로 꼽히는 바이젠이 탄생한 바이에른 지방의 중심인 뮌헨은 독일 맥주 문화의 중심이라 해도 과언이 아니다. 이 지역의 독특한 맥주 문화 중 하나가 비어 가르텐Bier Garten, 즉 '비어 가든'이라 불리는 곳이다. 야외 정원에서 맥주를 마시는 것인데 이 지방 사람들은 비어 가르텐에 모여 와자지껄하게 맥주를 마시는 맥주 문화로 유명하다. 1리터짜리 맥주잔도 이 지역의 특징이다.

바이젠은 19세기 이후 거의 사라질 뻔했다. 1951년 바이에른 지역에서 생산된 바이젠의 비중은 겨우 1%에 불과했다. 밀맥주의 인기가 하락했음에도 불구하고 게오르그 슈나이더Georg Schneider는 뮌헨의 바이젠 브로이하우스에서 슈나이더 바이제Schneider Weisse를 계속 생산했는데, 그가 아니었으면 독일 밀맥주의 명맥이 끊길 뻔했다. 바이젠은 차츰 인기를 회복해 1991년에는 바이에른 지방 맥주 생산의 22%를 차지할 정도로 증가했다.

바이젠은 통상 밀과 보리 몰트를 반반씩 섞어서 만드는데, 효모가 살아있는 바이젠은 영양가가 높고 건강과 피부에도 좋다고 해 다시 인기를 회복하게 됐다. 건강에 좋다는 이유도 있지만, 탄산이 많고 바나나 향 등 바이젠 특유의 향이 나는 개성있는 맛도 인기 회복의 요인이었다.

뮌헨에는 6대 양조장이 있는데, 이들 중 몇몇은 우리에게도 친숙한 이름이다. 스파텐브로이Spatenbrau, 아우구스티너 브로이Augustiner Brau, 학커-프쇠르 브로이Hacker-Pschrr Brau, 뢰벤브로이Lowenbrau, 파울라너브로이Paulanerbrau, 호프브로이Hofbrau가 뮌헨의 빅 식스Big Six라 불리는 대표 양조장들이다.

맥주순수령에도 불구하고 예외를 두어 밀맥주 전통이 살아남았는데, 밀을 재료로 사용하는 경우에는 상면발효 맥주를 만들도록 강제했다. 따라서 독일 맥주 종류는 하면발효 라거와 상면발효 밀맥주로 크게 구분할 수 있다.

독일 밀맥주의 종류

독일의 밀맥주는 바이젠비어Weizenbier 혹은 바이스비어 Weissbier로 불린다. 바이젠은 독일어로 밀을 뜻하고, 바이스는 흰색을 뜻한다. 밀맥주가 보리 몰트로 만든 맥주보다 더 밝은색을 가지고 있기에 밀맥주를 바이스비어라고도 부른다. 밀맥주의 색은 흰색이라기 보다는 밝은 황금색에 가깝다. 바이젠과 바이스 모두 똑같이 밀맥주를 칭하는 용어다. 밀맥주라고 해서 100% 밀을 사용하는 것은 아니고, 통상 보리 맥아가 같이 사용된다. 독일의 밀맥주는 적어도 밀 맥아가 50% 이상 들어가 있고, 그 이하의 밀 맥아가 사용됐다면 바이젠이라고 칭하지 않는다.

라이프치히 고세Leipziger gose

호박색을 가지고 있고 약간 신맛이 나는 밀맥주다. 라이프치히 인근에서 양조되는 맥주로 소금을 첨가한 맥주다. 도수는 ABV 4~5%이다.

로겐비어Roggenbier

어두운 색의 맥주로 호밀로 만들었다. 빵 맛과 비슷한 곡물 맛이 나는 맥주로, 도수는 ABV 4.5~6% 정도이다.

바이젠복Weizenbock

도수가 강한 밀맥주다. 6.5~8도 정도의 ABV를 갖는다. 또는 밀로 만든 복Bock 맥주를 의미하기도 한다.

베를리너 바이제Berliner Weise

색이 엷고 신맛이 나는 밀맥주로 이름에서 알 수 있듯 베를린에서 양조되는 맥주다. 도수는 낮아서 ABV 2.5~5%이다. 19세기 초 나폴레옹 병사들은 이 맥주를 '북쪽의 샴페인'이라고 칭했다고 한다. 신맛이 강한 맥주는 갈증 해소에 좋기에 특히 여름에 인기가 많은 맥주다. 가볍고 깔끔한 맛이며 홉의 쓴맛은 약한 편이다. 독일 법에 따라 베를린에서 만든 맥주만 '베를리너 바이제'라는 명칭을 사용할 수 있다.

코트부서Kottbusser

오트, 꿀 등의 첨가물을 넣어서 만든 밀맥주다. 밀과 보리 몰트를 베이스로 한다.

크리스탈바이젠Kristallweizen

헤페바이젠이 여과하지 않은 맥주인데 비해 여과 과정을 거친 밀맥주다. 여과를 했기 때문에 헤페바이젠보다 더 맑고 투명한 색깔이다.

헤페바이젠Hefeweizen

헤페바이젠에서 '헤페'는 효모를 뜻한다. 여과나 살균을 거치지 않아서 효모가 살아있는 밀맥주를 헤페바이젠이라 한다. 효모가 들어가 있기에 더 탁한 색을 보이는데, 독일 사람들은 효모가 살아있는 헤페바이젠이 더 건강에 좋은 맥주라고 생각한다. 여과나 살균을 거치지 않았기에 병 밑에는 침전물이 가라앉아 있다. 기호에 따라 흔들어 침전물을 함께 마시는 사람도 있고, 맑은 윗부분만 마시는 사람도 있는데, 독일 사람들은 보통 막걸리를 흔들어 마시듯 침전물을 함께 마신다.

독일 라거의 종류

전통적으로 독일에서 라거가 처음 만들어졌던 만큼, 독일

맥주는 라거 맥주가 유명하고 보편적이다. 독일 라거 맥주의
종류는 생산지 이름을 붙여서 구별하는 경우가 많다. 독일
라거의 종류는 다음과 같다.

마이복Maibock

봄에 양조한 맥주로 도수가 높은 밝은색 맥주다. 통상
6.5~7도의 높은 알코올 도수를 가진다.

엑스포트Export

도르트문트 지역에서 생산하는 라거 맥주다. 몰트 맛이 진
하고 상대적으로 홉 향은 약한 특징을 가지고 있다. 5~5.5
도 정도의 알코올 도수다. 과거 1950~1960년대에 독일에
서 가장 인기있는 맥주였으나, 최근 들어서는 찾아보기 어
려워진 맥주다. 이 지역은 독일에서 가장 큰 광업 및 철강업
지역이었는데, 고된 일과를 끝낸 광부들이 마시던 맥주였다.
맥주 라벨에 도르트Dort 혹은 도르트문더Dortmunder라는 단
어가 있다면 엑스포트 맥주라고 보면 된다.

수제 맥주 바이블

쾰시|Kölsch

밝은색 가벼운 바디의 맥주다. 상면발효와 저온숙성으로 만들어진 맥주로서 에일 맥주와 라거 맥주의 특성을 복합적으로 가지고 있다. 에일 특유의 과일 향과 라거의 깔끔한 맛을 가지고 있어서, 에일과 라거의 장점을 따온 맥주라고 할 수 있다. 독일에서는 오로지 쾰른에서만 합법적으로 양조할 수 있다. 즉 쾰른에서 양조된 맥주에만 쾰시 맥주라는 명칭을 사용할 수 있다. 알코올 도수는 4.5~5도 정도다.

필스너|Pilsener

필스너는 일반적으로 라거와 거의 동일한 의미로 통용된다. 원래 체코 플젠 지방의 라거 맥주인 필스너가 유명해지는 바람에 라거 스타일 맥주를 통칭하는 의미로 필스너가 사용되고 있는데, 독일에서 필스너라고 하면 물론 라거 맥주이지만 일반 라거보다 약간 더 홉 향이 강한 맥주를 의미한다. 4.5~5도 정도의 일반적인 도수를 가지고 있으며, 독일에서 가장 보편적인 맥주라고 할 수 있다. 독일 맥주 시장의 2/3를 차지하고 있는 맥주가 필스너다.

헬레스Helles

헬레스는 독일어로 밝다는 의미다. 밝은색의 맥주를 뜻한
다. 헬레스는 몰트 맛이 풍부한 라거로 바바리아(바이에른) 지
방에서 생산된다. 알코올 도수는 4.5~5도가량. 어두운 색의
맥주인 둔켈의 상대적 개념의 맥주다.

메르첸Märzen

메르첸은 밝은 호박색이나 조금 진한 색을 가진 라거 맥
주로 몰트 맛이 적당하게 조화를 이룬 맥주다. 뮌헨의 유명
맥주 페스티벌 옥토버페스트에서 주로 소비되는 맥주이기
도 하다. 알코올 도수는 5.2~6도 정도로 독일에서 매우 보
편적인 맥주다.

메르첸은 독일어로 3월인데, 곧 3월에 양조를 한 맥주이
기에 맥주 이름이 메르첸이 됐다. 10월 축제 옥토버페스트
에서 마시는 맥주가 전통적으로 메르첸인 것은 과거 맥주
양조 방식과 밀접한 연관이 있다.

냉장 기술이 발달하기 이전에 맥주 양조는 계절에 민감할
수밖에 없었다. 더운 여름에는 낮은 온도에서 발효하는 라거
맥주를 양조할 수 없다. 또한 여름 양조를 금지하는 법률도

수제 맥주 바이블

있었다. 맥주를 사랑하는 독일 사람들이 한여름에 맥주 없이 지내기란 매우 어려웠고, 따라서 한여름에도 마실 수 있도록 미리 3월 봄에 많은 양의 맥주를 만들었다. 이렇게 만든 많은 양의 맥주는 여름의 더운 온도에서도 변하지 않고 마실 수 있는 맥주여야 했다. 그래서 메르첸은 더운 여름에도 변하지 않는 맥주를 만들기 위해 특별히 도수를 좀 더 높이고 홉을 더 많이 넣은 맥주다.

그렇게 3월에 만들어진 맥주를 숙성시켜 5월부터 마시기 시작하는데, 맥주를 만들지 못하는 더운 여름이 지나는 동안 아껴 마실 수밖에 없었다. 그렇게 여름이 지나고 가을이 오면 다시 맥주를 만들 수 있는 계절이 되는데, 이때 여름 동안 마시고 남은 맥주를 모두 마셔버릴 필요가 있었다. 그래서 여름 동안 마시고 남은 맥주를 모두 마셔버리는 축제가 10월에 열리게 됐고, 10월 축제인 옥토버페스트에서 마시는 맥주는 3월에 만든 메르첸인 것이다.

그래서 옥토버페스트에서 마신 맥주는 일반 맥주보다 더 도수가 높고 홉 향도 강한 메르첸 맥주였다. 축제이니 도수 강한 맥주를 마시고 취하기에 적당한 맥주이기도 했지만, 원래는 마시고 남은 맥주를 모두 소진하기 위해 만들어진 축제 옥토버페스트에서 마신 맥주가 메르첸이다. 그런 취지를 반영해서인지 옥토버페스트에서는 1리터짜리 맥주잔인 마스Maß 잔으로 맥주를 마신다. 우리가 보통 마시는 맥주잔이

500cc 정도인 것에 비해 거대한 맥주잔이다. 남은 맥주를 맘껏 마셔버리자는 취지인 축제에는 제격인 맥주잔인 셈이다.

물론 냉장 기술이 발달한 지금은 굳이 옥토버페스트에서 마시는 맥주가 메르첸일 이유는 없다. 다만 원래 옥토버페스트의 기원이 그렇고, 메르첸이라는 맥주가 만들어진 이유가 그렇다는 사실을 알고 있으면 좀 더 독일 맥주를 잘 즐길 수 있을 것이다.

독일 다크비어Darkbeers의 종류

색이 진한 맥주가 다크비어인데, 독일 맥주 중에서 상대적으로 색이 진한 맥주를 통칭해서 다크비어로 분류한다. 일반적인 독일 다크비어는 다음과 같은 종류가 있다.

도펠복Doppelbock

복 맥주보다 도수를 더 높인 맥주로 묵직한 바디감을 갖는 라거 맥주다. 역시 어두운 색의 몰트를 사용해 색이 진하다. 알코올 도수는 높아서 8~12도 정도의 도수를 가지고 있

　　　　　　　　　　　　　　　수제 맥주 바이블

다. 도펠은 영어로 '더블Doulble'이니 두 배로 강하다는 의미가 되겠다. 실제로 맥주 도수가 일반 복의 거의 두 배 정도로 강하다.

둔켈Dunkel

둔켈은 독일어로 어둡다는 의미다. 곧 영어의 '다크Dark'이다. 뮌헨 지방에서 만드는 맥주로 유명하다. 오래된 양조법에 따라 만든 맥주로, 과거 맥아 볶는 기술이 발달하지 않았던 시절 맥아를 태워 만들어서 맥주의 색이 대부분 검었던 시절에 만든 맥주의 전통을 이은 맥주다. 4.5~5도의 도수를 갖는다.

홉 향이 강하지 않고, 몰트의 바디감이 풍부한 맥주다. 영국에서 페일 에일 몰트를 만들기 이전 모든 맥주가 어두운 색이었듯이, 독일의 맥주도 영국에서 개발한 밝은색 몰트 볶는 기술이 전해지기 이전에 모든 맥주는 검은색이었다. 따라서 자연스럽게 맥주는 어두운 색을 뜻하는 둔켈이라 불렸다. 영국의 기술이 전해져서 밝은색 맥주를 만든 것이 헬레스다.

복Bock

어두운 색깔의 몰트를 사용하고 도수를 높인 라거 맥주로,

풍부한 바디감과 씁쓸하고 달콤한 맛이 조화를 이룬 맥주다. 6.5~7도의 도수를 갖는다.

알트비어Altbier

상면발효와 저온숙성 맥주로 뒤셀도르프에서 양조한 맥주다. 쾰쉬와 비슷한 특성을 가지고 있다. 뒤셀도르프와 라인 강 하류 지방에서만 생산하는 맥주로 기원은 베스트팔렌 지방이다. 약간 쓴맛과 홉 향이 강하게 느껴지는 맛을 가졌다. 뒤셀도르프 지방에서 알트비어를 양조하는 양조장은 대략 10여 개 정도가 있다. 진한 브라운 색의 맥주로 알코올 도수는 5~6.5도다.

독일어로 알트는 '오래됐다'는 뜻으로 영어의 'Old'에 해당한다. 곧 오래된 전통적인 양조법으로 만든 맥주를 의미한다. 영국의 올드 에일과 일맥상통하는 의미라고 보면 되겠다.

맥주의 종류

GERMANY

BEER

독일

LARGER

밀맥주

헤페바이젠

크리스탈바이젠

바이젠복

로겐비어

베를리너 바이제

라이프치히 고세

코트부서

라거

필스너

엑스포트

헬레스

쾰시

마이복

다크비어

메르첸

알트비어

복

도펠복

둔켈

벨기에 맥주

맥주 하면 흔히 독일을 떠올리지만, 맥주의 전통으로 따지면 둘째가라면 서러워할 나라가 벨기에다. 벨기에 맥주는 그 다양성과 독창적인 맛으로 유명하다. 벨기에 사람들의 맥주 사랑도 엄청나서 전 세계적으로 1인당 맥주 소비량이 제일 많은 국가 중 하나다. 유럽의 작은 소국인 벨기에에 무려 224개 양조장이 있고(2016년 기준), 생산되는 맥주의 종류가 수천 종을 헤아리니 벨기에 사람들의 맥주 사랑을 미루어 짐작할 수 있다. 세계적으로 가장 큰 맥주회사인 AB InBev도 벨기에에 뿌리를 두고 있다.

1900년경 벨기에 사람들의 1인당 맥주 소비량은 무려 1년에 200리터였다. 현재는 많이 줄었으나 지금도 벨기에는 맥주 소비량이 매우 높은 나라다. 이런 벨기에의 맥주 문화 특성을 평가해 2016년에 유네스코에서는 벨기에 맥주 문화를 세계무형문화유산으로 등재했다.

벨기에 맥주의 특징은 독일이 맥주순수령을 지켜 맥주 재료를 엄격하게 규제한 것과 반대로 매우 개방적이고 자유로운 맥주 양조의 전통을 가지고 있다는 점이다. 따라서 셀 수 없이 다양한 종류의 맥주가 만들어졌고, 개성이 강한 맥주들의 전시장 같은 곳이 벨기에다.

벨기에 맥주의 역사는 12세기로 거슬러올라간다. 물론 각 가정에서 만들어 마시던 맥주는 훨씬 이전부터 시작됐을 것이나, 공식적인 기록은 12세기 수도원 맥주다. 벨기에의 수도원들은 12세기에 가톨릭 교회의 승인을 받고 맥주를 양조해서 팔았는데, 이는 수도원의 재정을 확보하기 위해서였다. 또한 수도원의 수도사들이 위생적이지 않은 물을 대체하려는 목적도 있었기에, 낮은 도수의 맥주를 양조해서 마셨다. 지금도 벨기에 맥주는 수도원 맥주가 유명한데, 수도원에서 공식적으로 맥주를 양조해 판매한 전통에서 유래한 것이다. 지금도 트라피스트 맥주라 불리는 맥주는 수도원에서만 양조한다.

벨기에 최초의 트라피스트 양조장인 베스트말레Westmalle 는 1836년 12월 10일에 양조를 시작했다. 처음에는 수도승들이 마시기 위한 맥주였고, 최초로 맥주를 판매한 것은 1861년 6월 1일로 기록이 남아있다. 이후 벨기에에서는 다양한 양조장들이 다채로운 맥주를 만들고 있다.

트라피스트 맥주와 더불어 벨기에 맥주만의 특징으로 람빅이 있다. 대부분 맥주가 특별히 배양시킨 효모를 사용하는데 반해, 람빅은 공기 중에 떠다니는 자연의 야생 효모를 이용해 발효시킨 맥주다. 다른 곳에서는 찾아볼 수 없는 다양한 맥주가 있는 나라가 벨기에다.

벨기에 맥주의 종류

라거 맥주

맥주 다양성을 실천하고 있는 벨기에는 에일 맥주를 떠올리기 쉽지만, 라거 맥주도 양조하고 있다. 딱히 평가가 좋지는 않지만, 국제적으로 마케팅되고 있는 맥주인 스텔라 아르투아Stella Artois 맥주는 벨기에를 대표하는 라거 맥주다. 도수 강한 라거로서 독일이 원조인 복Bock도 벨기에에서 양조되는 맥주 종류 중 하나다.

람빅Lambic

람빅은 벨기에 맥주 중 가장 개성 강한 맥주다. 브뤼셀 남쪽 지방에서 양조되는 맥주로 야생 효모를 사용해 양조하는 맥주다. 맥주가 대부분 특별히 배양된 효모를 사용해 양조하는 반면에 람빅은 야생에 떠다니는 효모를 사용해 양조한다. 이 지역에 야생으로 공기 중에 자생하는 효모에 맥아즙을 노출시켜서 자연스럽게 효모가 맥아즙을 발효시키도록 하는 것이다.

람빅은 오랜 발효와 숙성 기간을 거쳐서 만들어진다. 짧게는 3개월에서 3년 정도의 숙성 기간을 거쳐 맥주가 만들어진다. 이런 과정을 거쳐서 만들어지는 람빅 맥주는 고유의 특성을 갖는다. 드라이하고 와인의 특성도 보이며, 뒷맛으로 신맛이 나는 특성을 가지고 있다.

람빅에는 4가지 종류가 있다. 람빅, 괴즈Gueuze, 과일 람 빅Fruit lambic, 파로Faro다. 람빅은 가장 기본적인 맥주로 1차 발효나 2차 발효가 끝난 후 생맥주로 마신다. 따라서 맥주가 양조되는 브뤼셀 인근에서만 마실 수 있다. 병입이 되는 경 우가 드물기 때문에 제대로 된 람빅을 마시려면 벨기에 브 뤼셀 지방에 가야 한다.

오랜 숙성을 거쳐야 하는 람빅 맥주 중에서 가장 빨리 마 실 수 있는 맥주가 파로Faro다. 1차 발효가 마치고 나서 마시 는데, 종종 설탕이나 캐러멜을 넣어서 마신다.

괴즈는 숙성 기간이 다른 맥주를 섞어서 최종 발효를 시 킨다. 때로는 3년간에 걸쳐 발효된 맥주를 각각 섞어서 만들 기도 한다. 이 맥주는 숙성이 끝나면 샴페인과 비슷하게 코 르크 마개를 한 750ml 병에 담아서 유통된다. 이런 특성 때 문에 맥주이지만 와인의 특성을 가진 맥주이기도 하다.

과일 람빅은 최종 발효가 진행되기 직전에 체리 등의 과 일이나 과일 농축액을 첨가해서 만든다.

밀맥주

벨기에의 밀맥주는 중세시대에 벨기에의 플랑드르 지방에서 양조되기 시작했다. 전통적으로 벨기에 밀맥주는 밀과 보리를 섞어서 만들었다. 홉이 맥주에 사용되기 전에는 맥주에 그루이트라는 허브를 사용했는데, 홉이 사용되면서 벨기에 밀맥주에도 그루이트와 함께 홉이 추가 됐다.

벨기에 밀맥주의 전통은 1950년대 들어서면서 거의 명맥이 끊겼다. 호가든에 위치한 벨기에 마지막 밀맥주 양조장인 톰신Tomsin이 1955년에 문을 닫은 이후 밀맥주는 벨기에서 완전히 명맥이 끊겼다. 그러나 10년 후 호가든의 피에르 셀리스Pierre Celis라는 농부가 밀맥주를 다시 만들기 시작했고, 이 맥주가 인기를 얻기 시작하면서 마을 이름인 호가든이 맥주의 이름이 됐다.

오늘날 호가든 밀맥주는 한국에서도 매우 인기있는 맥주다. 다만 한국의 호가든은 한국에서 양조되고 있어서, 벨기에 본토의 호가든과 맛의 차이가 있다고 느끼는 맥주 애호가들이 많다. 회사에서는 똑같은 레시피로 양조한다고 주장하지만, 아무래도 민감한 맥주 덕후들은 미묘한 차이가 있다고 느끼는 듯하다.

브라운 에일Brown ale

일반적으로 갈색을 보이는 벨기에 맥주를 브라운 메일이라 하며, 앰버 에일보다 진한 색깔을 가지고 있다. 플레미시 브라운 에일보다는 신맛이 덜하고, 두벨보다는 알코올 도수가 약하다.

블론드Blond와 골든 에일Golden ale

벨기에 블론드 에일은 필스너 몰트로 만드는 페일 에일 맥주의 일종이다. 벨기에 맥주의 특성으로 독립적인 스타일로 보는 견해도 있고, 페일 에일 맥주의 범주에 속하는 스타일로 보는 견해도 있다. 가장 유명한 블론드 에일로 두벨Duvel이 있다. 한국에도 수입되는 두벨은 벨기에 대표 맥주라 해도 과언이 아닐 정도로 유명한 맥주다.

두벨은 영어로 'Devil'이니, 맥주 이름이 악마인 것이다. 왜 악마라는 명칭을 붙였는지에 대해서 여러 설이 있다. 밝은 황금색에 향이 풍부한 두벨을 마시다 보면 그 부드러운 맛에 별 생각없이 몇 잔을 거푸 들이키게 되는데, 도수가 꽤 높은 맥주라 자신도 모르게 금방 취하게 되고, 그렇게 사람을 취하게 만든다고 해서 악마 같은 맥주라 불린다는 것이 정설처럼 전해진다. 다른 블론드 에일들도 비슷한 이유로 사탄Satan이나 루시퍼Lucifer 혹은 유다Judas와 같은 이름을 가지고 있다.

블론드 에일은 프랑스어를 사용하는 벨기에의 왈롱지방에서 주로 양조된다.

벨지안 스트롱 에일Belgian strong ale

도수가 높은 에일 맥주, 즉 7% 이상의 도수를 갖는 두벨이나 트리펠 맥주를 벨지안 스트롱 에일로 분류하기도 한다. 벨기에 양조장에서 사용하는 이름은 아니고, 해외에서 벨기에 맥주를 특정해서 분류할 때 사용하는 스타일이다. 일반적으로 벨기에의 도수 높은 에일 맥주를 통칭하는 의미로 사용한다.

스코치 에일Scotch ale

스코틀랜드의 영향을 받은 맥주로 진한 맛의 갈색 맥주다.

스타우트Stout

영국에서 유래된 스타일이다. 벨기에 스타우트는 더 단맛이 나는 스타우트와 더 드라이한 스타우트, 그리고 도수가 높은 스타우트와 도수가 상대적으로 낮은 스타우트가 있다. 도수가 높은 스타우트는 임페리얼 스타우트로 불리기도 한다.

세종Saison

세종은 영어의 'Season'에 해당하는 의미인데, 벨기에 농촌에서 담가 마시던 농주 성격의 맥주이다. 프랑스어를 쓰는 왈롱 지방의 농가에서 양조해 마시던 맥주로, 주로 추수철에 마셨던 농주다. 원래 세종은 3% 정도의 약한 알코올 도수를 가진 맥주였으나, 최근 들어 미국의 양조장에서 양조하는 세종은 5~8% 정도의 도수를 갖고 있다.

세종은 사라질 위기에 처했으나, 최근 새롭게 조명받아 다시 만들어지고 있다. 이름이 의미하듯 세종은 계절 맥주로서 여름에서 추수까지 농가에서 농주로 마시던 맥주였으나, 새롭게 해석된 세종은 도수도 높아지고 전통적인 벨기에 왈롱 지방의 농주와는 차이가 있다. 원래 특정한 맥주 스타일을 지칭한다기 보다는 농주를 통칭하는 개념이었으나, 재해석되면서 하나의 맥주 스타일로 자리 잡고 있다.

앰버 에일Amber ale

영국의 페일 에일 맥주와 유사한 맥주다. 영국 페일 에일 보다는 쓴맛이 덜하다. 5% 정도의 알코올 도수를 가지고 있으며 드 코닉De Koninck 앰버 에일은 특히 앤트워프 지역에서 인기있는 맥주다. 앰버 에일 맥주인 비외탕Vieux Temps는 제1차 세계대전 중 벨기에에 주둔한 영국군의 취향에 맞추어 양조한 맥주다. 앰버 에일 스타일은 19세기 말엽에 영국 출신 양조사인 조지 머 존슨George Maw Johnson이 벨기에에 전파했다.

프랑스어를 사용하는 왈롱 지방의 앰버 에일은 다른 앰버 에일에 비해 구별되는 개성을 가지고 있다고 분류하는 사람도 있다. 왈롱 지방의 앰버 에일은 아무래도 프랑스 스타일의 영향을 받았다고 보고, 다른 앰버 에일은 영국의 영향이 강하다고 본다.

트라피스트 맥주Trappist beer와 애비 맥주Abbey beer

트라피스트 수도원에서 양조한 맥주를 트라피스트 맥주라 한다. 트라피스트 맥주라는 명칭을 사용하기 위해서는 반드시 수도원에서 맥주가 양조돼야 하고, 수도승이 양조를 주관해야 하며, 판매 수익은 수도원의 재정으로 사용되거나 사회사업에 쓰여야 한다는 조건을 충족시켜야 한다.

1997년에 국제 트라피스트 협회에서 트라피스트 맥주의 조건을 제정했고, 현재 이 조건을 충족시키는 수도원은 총 11개에 불과하다. 그중 6개가 벨기에 수도원이고, 네덜란드에 2개, 오스트리아, 미국, 이탈리아에 각 1개씩의 수도원이 이 조건을 충족해 트라피스트 맥주를 양조하고 있다.

트라피스트 맥주는 특정한 맥주 스타일을 지칭하는 것이 아니고, 위 조건을 충족해 국제 트라피스트 협회에서 인증한 맥주를 의미한다. 따라서 각 수도원별로 양조하는 트라피스트 맥주에는 다양한 맛의 맥주가 있다. 하지만 주로 상면발효의 에일 맥주라고 보면 된다.

한국에도 수입되는 유명한 트라피스트 맥주는 쉬메이 Chimay, 베스트말레Westmalle가 있다. 인증받은 벨기에의 다른 트라피스트 맥주는 아헬Achel, 오르발Orval, 로슈포르 Rochefort, 베스트블레테렌Westvleteren이 있다. 대부분 알코올 도수가 10%에 육박하는 강한 맥주들이다.

애비 맥주는 트라피스트 맥주와 비슷한 스타일을 가진 맥주다. 트라피스트 수도원에 속하지 않은 수도원에서 양조한 맥주이거나 (예컨대 베네딕트 수도원에서 양조한 맥주) 수도원의 허가를 받아서 민간 상업 양조장에서 만든 맥주를 의미한다.

1999년에 벨기에 양조협회에서 애비 맥주의 기준을 세우고 애비 맥주 인증을 부여하기 시작했다. 트라피스트 맥주와 비슷하게 애비 맥주도 수도원에서 어느 정도의 통제를 하고 수익의 일부를 수도원이나 자선단체에 기부해야 한다는 조건이 충족되어야 한다. 트라피스트 맥주가 반드시 수도원에서 양조되어야 하는데 비해, 애비 맥주는 상업 양조장에서 양조할 수 있다.

인증을 받지 않은 양조장에서 두벨이나 트리펠 같은 애비 맥주 스타일의 맥주를 만들 수는 있으나, 애비 맥주라는 표시는 할 수 없다. 애비 맥주에 정해진 스타일이 있는 것은 아니지만 대부분의 애비 맥주는 두벨, 트리펠, 블론드 에일 등과 같은 트라피스트 맥주의 스타일과 비슷하다. 현재 벨기에에는 18개의 인증된 애비 맥주 양조장이 있다.

① 두벨Dubbel

두벨은 영어로 'Double'이라는 뜻으로 두 배 강한 맥주라고 보면 된다. 갈색의 맥주로 19세기에 베스트말레의 트라피스트 수도원에서 만들기 시작한 맥주다. 요즘에는 전반적으로 도수가 높은 갈색 맥주Brown beer에 두벨이라는 명칭을 붙이는 경우가 많다.

주로 트라피스트 맥주에 두벨이 있으며 애비 맥주에도 두벨 명칭을 사용하는 경우가 있다. 6~8도 정도의 높은 도수의 맥주다. 일반적으로 병입해서 숙성 과정을 거친다.

② 트리펠Tripel

트리펠은 원래 매우 강한 페일 에일 맥주를 칭하는 말이었는데, 베스트말레 수도원에서 양조한 트리펠을 일컫는 말로 쓰이다가, 점차 벨기에의 도수 높은 맥주를 통칭하는 용어로 사용됐다. 트리펠은 영어의 'Triple' 즉 세 배 강도를 갖는 맥주를 의미한다. 두벨보다 더 높은 도수의 맥주다. 보통 9% 정도의 높은 도수를 가진다. 트리펠을 바탕으로 알코올 도수를 낮춘 맥주가 블론드 에일이다.

③ 쿼드루펠Quadrupel

트라피스트 맥주 중에서 가장 강도 높은 맥주다. 1992년 라 트라페 양조장에서 처음 생산됐고, 이후 트라피스트 양조장에서 생산되는 가장 높은 도수의 맥주에 쿼드루펠을 사용하고 있다. 단맛이 많이 나고 진하다. 고전적인 성배 모양의 잔이나 브랜디 잔에 따라서 천천히 음미하며 마셔야 한다.

두벨이나 트리펠은 반드시 수도원에서 만든 맥주를 의미하는 것은 아니며, 일반적인 벨기에 맥주의 종류로 통용되고 있다. 다만 수도원에서 대부분 두벨과 트리펠을 만들고 있다는 점에서 수도원 맥주의 뉘앙스를 풍긴다.

테이블 비어Table beer

낮은 알코올 도수를 갖는 맥주로 (통상 1.5% 내외) 식사와 함께 마시는 맥주를 통칭한다. 딱히 독립된 맥주 스타일로 분류하지는 않고, 콜라와 같은 음료가 발달하면서 거의 사라졌으나, 최근 탄산음료보다 건강에 좋다는 이유로 다시 부활의 조짐을 보이고 있다.

플레미시 레드Flemish red

로덴바흐Rodenbach가 대표적인 플레미시 레드 맥주로, 이 스타일의 맥주는 100년 전에 로덴바흐에 의해 처음 양조된 스타일이다. 플레미시는 벨기에 북부 네덜란드어를 사용하는 플랑드르 지방, 즉 플랜다스 지방을 지칭한다. 플레미시 레드는 특별하게 로스팅된 몰트를 사용하고 일반적인 상면 발효 효모와 락토바실러스Lactobacillus 박테리아의 혼합으로 발효된다. 또한 오크통에서 숙성되는 특징을 가지고 있다. 적당히 강한 알코올 도수로 마시기 편하고 붉은 빛이 나는 브라운 색깔을 보이며, 신맛과 함께 과일 맛도 나는 맥주다. 사촌격으로 유사한 맥주 우트 브뤼Oud Bruin 또는 플레미시 사워 브라운 에일Flemish sour brown ale이라 불리는 맥주와 비슷한 특성을 공유한다.

벨기에 맥주잔

벨기에 맥주는 각 맥주별로 독특한 형태의 맥주잔이 있다. 수천 가지 맥주 종류만큼 맥주잔의 모양도 각양각색이다. 특히 높은 알코올 도수의 맥주는 그 맥주를 마시기에 가장 적합한 형태로 고안된 고유의 맥주잔이 있다. 벨기에의 펍에서 맥주를 주문하면 주문한 맥주에 맞게 고안된 맥주잔에 맥주가 나온다*.

● 맥주잔이 반드시 맥주 맛을 제대로 느낄 수 있게 해준다는 것은 과학적으로 증명된 바 없다. 맥주잔의 디자인을 보고 사람들인 받는 시각적 느낌이 맥주 맛에 더 영향을 미친다고 보는 것이 정확하다. 측면이 곡면으로 된 500cc 맥주잔으로 맥주를 마실 때 사람들은 60%나 더 빨리 마신다는 연구도 있다.

튤립   **샴페인 플루트**   **샬리스와 고블렛**

튤립Tulip

보편적인 맥주잔 형태로 향을 잘 가둬서 특유의 맥주 향을 최대한 즐길 수 있도록 고안된 형태다. 또한 맥주 거품을 풍성하게 만들어서 보기에도 좋고 맛도 풍부하게 해준다.

샴페인 플루트Champagne flute

람빅 맥주를 마실 때 사용하는 맥주잔 형태다. 잔이 좁은데 이는 탄산을 유지시켜주고 강한 아로마를 잘 살려준다.

샬리스Chalices와 고블렛Goblet

샬리스와 고블렛 잔은 주로 트라피스트와 애비 맥주를 마실 때 사용하는 잔이다. 잔이 크고 넓은 보울처럼 생겼다. 두 잔의 모습은 거의 비슷한데, 차이는 잔의 두께에 있다. 고블렛은 잔이 얇고 섬세한데 비해 샬리스는 두껍고 무겁다.

벨기에 맥주와 음식

벨기에 맥주는 그 다양한 종류만큼이나 각 종류별로 어울리는 음식이 있다. 프랑스인들이 식사에 와인을 꼭 곁들이듯, 벨기에 사람들은 식사에 맥주를 마신다. 각 종류별로 어울리는 음식은 몇 가지로 분류할 수 있는데, 정해진 법칙은 물론 아니지만 보편적으로 특정 맥주는 특정한 음식과 더 잘 어울린다고 본다.

예컨대 호가든과 같은 밀맥주는 생선이나 해산물 음식과 어울리고, 트리펠이나 블론드 비어는 닭이나 흰살 고기와 어울리고, 두벨이나 다른 진한 색의 맥주들은 색이 진한 고기와 어울린다. 과일 람빅은 디저트와 함께 마신다.

트라피스트

트라피스트

두벨

라거

트리펠

쿼드루펠

애비 맥주

세종

라거

밀맥주

람빅

에일

밀맥주

괴즈

과일람빅

파로

블론드와 골든에일

플레미시 레드

브라운 에일

스코치 에일

스타우트

벨지안 스트롱 에일

테이블 비어

미국 맥주

미국 맥주는 유럽 지역의 맥주에 비해 상대적으로 역사가 짧다. 특히 독일에서 건너온 이민자들이 맥주 양조 기술을 가지고 와서 양조장을 설립한 경우가 많았기에 미국 맥주는 독일 라거 맥주의 전통을 이어받았다. 초창기 미국 맥주는 이민자들이 설립한 양조장을 비롯해 다양한 양조장이 성업을 했으나, 금주법이 상당 기간 시행되면서 많은 양조장이 도산했기에 미국 맥주의 다양성은 다른 나라에 비해 매우 제한적이었다.

그러나 미국은 신대륙의 특성을 반영한 개성있는 맥주를 만들었고, 전통적 독일 라거 맥주와 차별화된 특유의 맥주 맛을 가지고 있다. 제2차 세계대전 이후 최강대국으로 자리 잡으며 여러 분야에서 전 세계에 영향을 미친 만큼, 맥주에 있어서도 미국 스타일의 맥주 판매량은 결코 무시할 수 없다. 더구나 미국은 최근 크래프트 비어 트렌드를 만들어낸 주역이고, 현재 전 세계의 크래프트 비어는 미국식 스타일이 주도하고 있다.

미국 맥주의 종류

캘리포니아 커먼California common / 스팀 맥주Steam beer

캘리포니아의 황금을 찾아 사람들이 서부로 몰려들던 골드러시Gold Rush 시절, 샌프란시스코를 중심으로 개발된 맥주다. 태평양에서 불어오는 시원한 바람을 이용한 맥주로 가벼운 과일향과 캐러멜 풍미를 가진다. 금주법 시대를 거치며 거의 사라질 뻔했으나 미국 크래프트 비어의 효시인 앵커 브루잉에서 1970년에 다시 만들어 출시하면서 명맥을 이어오고 있다. 미국 맥주치고는 가장 오랜 역사를 가진 독특한 미국 맥주 스타일이다.

아메리칸 라거American lager

미 대륙은 옥수수가 흔한 작물이기에 미국 라거 맥주에는 보리 몰트뿐 아니라 쌀이나 옥수수가 첨가되어 있어서 전통적인 독일 라거 맛과 차이가 있다. 부가물인 쌀이나 옥수수의 비중이 매우 높아서 거의 40%에 가깝게 사용되는 경우도 있다. 몰트 이외의 재료를 많이 첨가해 만드는 한국의 맥주가 미국식 맥주와 비슷한 특징을 갖는 이유다.

아메리칸 라거는 매우 가벼운 맛과 높은 탄산도를 보인다. 거의 풍미가 없고 쓴맛도 매우 약하다. 따라서 갈증을 달래는 정도로 가볍게 마시는 맥주의 특성을 가지고 있다. 거대 양조회사가 상업적으로 대량 생산하는 맥주이기에 딱히 개성이 강하거나 맛이 뛰어나다고 할 수 있는 것은 아니지만 거대 유통망과 마케팅을 통해 값싸게 유통되므로 가장 보편적이고 편하게 마실 수 있는 맥주다. 버드와이저와 밀러가 대표적인 아메리칸 라거 맥주다.

아메리칸 페일 에일American pale ale APA

미국에서 만든 페일 에일 맥주로 전 세계적인 크래프트 비어 유행을 만들어낸 주역이다. 유럽의 페일 에일과 가장 큰 차이점은 미국에서 생산되는 홉이 사용되어 다양한 과일 향과 꽃향기를 가지고 있다는 점이다. 아메리카노 커피가 하나의 커피 종류로 자리 잡았듯, APA도 대표적인 크래프트 비어 종류로 자리 잡았다. 시중에 유통되는 크래프트 비어의 상당수가 APA의 일종이라고 보면 큰 무리가 없다.

아메리칸 IPAAIPA

페일 에일의 일종인 IPA의 경우, 미국에서 양조하는 IPA를 영국 IPA와 구별해 아메리칸 IPA라고 따로 분류하기도 한다. 영국 본토에서 이미 사라졌던 IPA를 되살려내어 인기있는 맥주로 만든 것은 미국의 크래프트 비어 양조업자들이기에 IPA라고 하면 사실 아메리칸 IPA를 의미하는 경우가 많다.

미국식 IPA는 지역에 따라 차이를 보이는데, 서부 지역의 IPA를 따로 구별해 웨스트코스트 IPAWestcoast IPA, 동부 지역의 IPA를 이스트코스트 IPAEastcoast IPA로 분류하기도 한다. 최근에는 쓴맛을 줄이고 홉 향이 진한 뉴잉글랜드New England 스타일 IPA NEIPA가 인기를 얻고 있다.

이외에 미국에서 양조하는 크래프트 비어를 따로 구분해 아메리칸 앰버 에일, 아메리칸 브라운 에일, 아메리칸 포터, 아메리칸 스타우트 등으로 스타일을 분류하기도 한다.

체코 맥주

체코 맥주는 현재 전 세계 맥주 시장의 70%를 차지하고 있는 라거 스타일 맥주가 시장을 제패하도록 만드는데 결정적 역할을 했다. 체코 플젠 지방에서 만든 라거 맥주 필스너는 곧 유럽 전역으로 퍼져나갔고 라거 맥주가 세계적인 대세가 되는데 결정적 역할을 했다. 라거 맥주의 원산지는 독일이지만, 가장 유명한 라거 맥주인 필스너 우르켈은 체코 플젠의 맥주다. 플젠 지방에서 만든 맥주라는 뜻을 가진 필스너는 라거 맥주의 대명사로 불린다.

체코는 가장 유명한 필스너 우르켈을 위시해 부드바Budva 맥주 등 훌륭한 맛의 라거 맥주를 생산하는 것으로 유명하다. 부드바를 생산하는 버드와이저는 미국의 버드와이저 맥주와 상표 분쟁을 겪기도 했는데, 역사적으로 보면 체코의 버드와이저가 원조다. 필스너 맥주의 종주국답게 체코인들의 맥주 사랑은 대단해서, 1년에 143리터의 맥주를 마신다. 한국인이 43리터의 맥주를 마시는 것과 비교하면 체코인의 맥주 사랑이 얼마나 대단한지 알 수 있다.

아시아 맥주

아시아 지역은 역사적으로 맥주가 발달한 지역이 아니다. 아시아는 전통적으로 보리보다 쌀을 많이 재배했기에 양조 전통도 쌀 위주로 발달했다. 따라서 맥주 전통은 상대적으로 빈약한 편이고, 아시아 맥주만의 스타일은 따로 존재하지 않는다. 하지만 국가별로 개성있는 맥주를 만들고 있고 한국에도 많이 수입되고 있기에, 대표적인 아시아 맥주들의 특징을 살펴보는 것이 맥주를 즐기는데 도움이 된다.

일본 맥주

일본은 아시아 국가 중 맥주를 가장 먼저 만들기 시작했다. 일본 최초의 맥주회사인 삿포로 맥주 회사가 1876년 설립됐고*, 이후 아사히, 기린, 산토리 등 여러 맥주 회사들이 설립되어 지금까지 맥주를 생산하고 있다. 일본 맥주는 종종 아시아를 대표하는 맥주로 인식되기도 하는데, 미국에서 가장 많이 팔리는 아시아 맥주가 삿포로 맥주다. 일본의 대형 양조회사에서 생산하는 맥주는 주로 라거 맥주이기에 맛의 차이가 크지는 않지만, 각 브랜드별로 다른 개성을 가지고 있다. 일본 대형 양조장의 라거 맥주 중 개인적으로 선호하는 맥주는 산토리 프리미엄이다. 몰트와 홉의 맛이 다른 일본 맥주에 비해 진한 편이다.

● 일본 최초의 서구식 맥주 양조는 1869년 미국인 윌리엄 코플랜드 William Copeland가 설립한 스프링 밸리 브루어리Spring Valley Brewery에서 시작됐고. 이 양조장은 이후 기린 맥주가 됐지만 일반적으로 일본 최초의 맥주 회사는 삿포로 맥주로 알려져 있다.

1994년 양조 관련법이 완화되면서 일본에서 마이크로 브루어리들이 많이 생겨났고, 이들 소규모 양조장에서 개성 강한 맥주를 많이 만들고 있다. 특히 일본 고유의 홉인 소라치 에이스는 세계적으로 인정받는 홉으로 서구 양조장의 크래프트 비어에도 자주 사용되는 홉이다.

일본의 주세법에서는 최소 67% 이상의 몰트를 사용해야 '맥주'로 분류한다. 한국은 몰트가 10% 이상 사용되면 맥주로 분류하기에, 일본 맥주보다 몰트 함량이 더 낮고 그만큼 풍미가 떨어진다.

일본 맥주에 '드라이'라는 용어가 붙은 것을 흔하게 볼 수 있다. 드라이 맥주는 사실 맥주 스타일이라기 보다 발효 과정에서 효모가 더 많은 당분을 분해하게끔 만든 맥주를 의미한다. 양조가 끝난 후에 맥주에 포함된 당분의 비율이 매우 적은 맥주를 맛이 드라이하다고 표현한다. 맥주에 남아있는 당분이 적을수록 깔끔한 맛을 내고, 남은 당분이 많을수

삿포로 맥주 박물관

록 몰트 맛이 진하고 더 풍부한 맛을 낸다. 잔당이 거의 없어서 깔끔한 맛의 라거 맥주를 마치 '드라이 맥주'라는 새로운 스타일인 것처럼 마케팅을 했는데, 일반적 라거 맥주일 뿐 특별한 맛의 맥주는 아니다.

일본 맥주에 흔한 드라이는 소위 '드라이 전쟁Dry War'으로 불리는 마케팅 전쟁의 산물이다. 1987년에 아사히 맥주에서 '아사히 수퍼 드라이'를 출시하면서 마케팅 전쟁이 벌어졌는데, 각 맥주 회사에서 서로 '드라이'를 내세우며 한동안 치열한 마케팅 전쟁을 치렀다. 한때 한국에서도 맥주에 드라이를 강조한 적이 있는데 일본 맥주 마케팅을 따라한 것이다.

일본 맥주의 특징 중 하나로 '생' 맥주를 강조하는 것을 볼 수 있다. 유럽의 생맥주는 살균 여과과정을 거치지 않고 효모가 살아있는 맥주를 생맥주 즉 드래프트 맥주라 분류하는데, 일본에서는 저온살균을 하지 않았지만 특수한 여과 과정을 거쳐 효모를 모두 제거한 맥주에는 '생맥주'라는 표현을 사용할 수 있도록 했다. 따라서 일본의 생맥주는 효모가 살아있는 맥주는 아니며 유럽 기준으로 보면 죽은 맥주다.

맥주 양조는 서구에 비해 늦게 시작했지만, 전통적 사케 양조 기법을 응용해 일본은 세계의 양조 방식을 송두리째

뒤바꿔놓을 결정적 기회를 가지기도 했다. 페리 제독이 일본에 검은 함선을 몰고 와서 강제로 통상조약을 체결한 바로 이듬해인 1854년, 훗날 화학자로 큰 성공을 거두게 되는 타카미네 조키치가 태어났다. 서구 문물에 관심이 많았던 의사 아버지의 영향으로 타카미네는 어릴 때 나가사키로 보내져 유럽인 가정에서 영어를 배우고 정부 장학금으로 스코틀랜드를 여행하기도 했다.

타카미네의 외가는 사케 양조장을 하고 있어서, 타카미네는 자연스럽게 사케를 연구하게 되었다. 1884년 미국 뉴올리언스에서 열린 세계박람회에 일본 대표로 참가한 타카미네는 자신이 세 들어 살던 아파트 주인의 딸 캐롤라인 히치 Caroline Hitch와 사랑에 빠져 결혼을 했고, 도쿄에 신혼 살림을 차리고 사케 연구를 계속했다.

타카미네는 사케 양조 과정에서 누룩곰팡이를 효과적으로 배양해서 양조에 사용하는 방법을 연구해서 발전시켰다.

타카미네가 발전시킨 방법은 곡물에서 효과적으로 알코올을 생산하는 방법으로, 기존 서구 양조 방식으로 보리를 맥아화해 당화하는데 수일이 걸리는 것에 비해, 타카미네의 방법은 불과 48시간밖에 걸리지 않았다. 또한 타카미네의 방법은 맥아를 만드는 것보다 더 많은 당을 얻을 수 있기에 훨씬 더 효율적이었다. 타카미네의 양조 방법이 알려지자, 시카고의 양조업자가 그를 초대해 맥아 없이 위스키를 만들어보도록 요청했다. 1890년 타카미네는 캐롤라인과 함께 시카고로 옮겨와서 자신의 양조 방법에 관해 미국 특허를 얻고 본격적으로 양조를 시작했다.

타카미네의 양조법은 전통적인 맥아를 사용한 양조보다 효율이 훨씬 높았기에 양조업자 입장에서는 매우 구미가 당기는 방법이었다. 타카미네의 양조 방법에 대한 미국 양조업자들의 관심은 매우 높았고, 곧 맥아를 이용한 양조는 구시대의 유물로 사라질 듯 보였다. 그러자 자신의 밥그릇이 사라질 위기에 처한 맥아 제조업자들이 조직적으로 반발하고 나섰다. 타카미네를 고용한 양조업체에 화재가 발생해서 생산 설비가 타버리는 일이 발생하고, 결국 타카미네의 양조 방법은 사장되고 말았다.

만일 타카미네의 방법이 받아들여졌다면 전 세계 맥주 및 양조 시장은 전혀 다른 모습을 갖게 됐을 것이다. 보리 맥아 제조 시설은 필요 없어졌을 터이고, 맥주는 보리 맥아가 아닌 전혀 다른 곡물로 양조하게 됐을지도 모른다.

타카미네는 자신이 개발한 양조법을 보급시키는 데는 실패했지만, 후에 타카 디아스타제라는 소화제를 만들어서 큰 성공을 거뒀고, 아드레날린을 만들어서 화학계에 중요한 업적을 남겼다.

타카미네가 발명한 맥아 없는 양조법은 현대 일본 맥주에 간접적 영향을 미치고 있는데 발포주가 타카미네의 유산이다. 최근 들어 한국에도 출시되고 있는 발포주는 맥아 대신 보리 추출물과 합성 효소를 사용한다. 맥주에 붙는 세금은 사용된 맥아의 양에 따라 매겨지기에, 맥아를 사용하지 않은 발포주는 일반 맥주에 비해 가격이 훨씬 저렴하다. 물론 몰트에서 나오는 풍미가 없기에 맥주로서 의미가 있다고 할 수는 없고 맥주로 분류되지도 않지만, 저렴한 가격으로 일본에서는 일정한 시장을 확보하고 있다.

중국 맥주

중국은 술에 관한한 오래된 역사를 가지고 있고 훌륭한 양조 전통이 있지만, 지금 우리가 마시는 것과 같은 맥주를 양조하기 시작한 것은 근대에 접어든 이후였다. 19세기 후반, 하얼빈에 러시아가 맥주 양조장을 세운 것이 중국 최초의 맥주 양조장이다. 이후 독일 등 서구 국가들이 중국에 양조장을 세우기 시작했으며, 유명한 칭다오 맥주도 1903년에 독일인이 칭다오에 설립한 양조장이었다. 1934년에는 일본이 만주 맥주Manchurian Beer 양조장을 설립하기도 했다.

중국의 맥주 시장은 정부의 규제로 인해 다양한 크래프트 비어가 성장하는 데는 제약이 있지만, 빠르게 성장하고 있다. 세계의 공장답게 특히 맥주 양조 장비를 생산하는데 있어서 중국의 비중은 매우 커지고 있다. 한국의 소규모 마이크로 브루어리에서 사용하는 양조 장비의 대부분은 중국에서 생산된 장비일 정도로 양조 장비 산업이 발달해있다. 이를 기반으로 수제 맥주 경연대회도 자주 열리고 있다.

필리핀 맥주

아시아 맥주 가운데 가장 유명한 맥주를 꼽는다면 필리핀의 산미구엘San Miguel• 맥주일 것이다. 산미구엘은 동남아 최초의 맥주 양조장으로, 1890년 9월 29일 설립됐다. 당시 필리핀이 스페인 식민지였기에 스페인 국왕의 허가를 받아서 돈 엔리크 마리아 바레토 데 이카자 이 에스테반Don Enrique María Barretto de Ycaza y Esteban이 마닐라에 산미구엘 양조장을 설립했다. 산미구엘이라는 명칭은 스페인 바르셀로나에 있는 양조장 이름에서 따왔다.

 • 스페인어 산 미구엘San Miguel은 'Saint Michael', 즉 성 미가엘이다.

산미구엘 맥주는 필리핀 맥주 시장의 70%를 장악하고 있으며, 한국은 물론 전 세계로 수출되고 있다. 산미구엘은 전형적인 필스너 맥주로 깔끔한 맛으로 많은 사람들이 선호하는 맥주다. 스페인에서도 산미구엘 맥주가 유통되는데, 스페인의 산미구엘 맥주는 필리핀 산미구엘이 1946년에 스페인에 설립한 지사에서 생산한 것이다. 필리핀이 스페인 식민지였기에 얼핏 스페인이 본사이고 필리핀에 지사를 설립한 것처럼 착각할 수 있는데, 필리핀 산미구엘이 본사다.

필리핀 맥주 시장은 산미구엘로 대표되는 거대 양조장이 절대적 비중을 차지하고 있지만, 필리핀에 거주하는 외국인들을 중심으로 소규모 양조장에서 크래프트 비어가 생산되고 있다. 복스 브루Bog's Brew, 바기오 크래프트 브루어리 Baguio Craft Brewery, 환 브루잉Juan Brewing, 터닝 휠스 크래프트 브루어리Turning Wheel's Craft Brewery 등의 마이크로 브루어리에서 필리핀의 크래프트 비어를 만들고 있다.

베트남 맥주

베트남의 맥주 양조는 19세기 말 프랑스인에 의해 시작됐다. 이때 설립된 맥주 양조장은 이후 베트남의 양대 맥주 양조장인 하베코Habeco(Hanoi Beer)와 사베코Sabeco(Saigon Beer)로 발전하게 된다. 사이공 비어와 하노이 비어는 전형적인 라거 맥주로 한국에도 수입되고 있다. 훌륭한 라거 맥주인 사이공 비어는 유수의 세계적인 맥주 브랜드와 비교해도 손색없는 맛이다.

베트남은 맥주가 생활 문화로 자리 잡고 있을 정도로 맥주를 보편적 음료로 즐기는 나라이다. 베트남 맥주의 특징으로 베트남식 생맥주 비아 호이Bia Hoi를 꼽을 수 있다. 비아 호이는 일주일 정도의 짧은 기간에 양조해 유통하는 맥주로 3도 정도의 낮은 알코올 도수로 가볍게 마실 수 있는 맥주다. 특히 베트남 북부에 흔한 맥주인데, 하노이의 맥주 거리에 가보면 많은 사람들이 앉은뱅이 의자에 앉아 비아 호이를 즐기는 모습을 볼 수 있다.

베트남도 호치민과 하노이를 중심으로 크래프트 비어가 증가하고 있다. 베트남의 크래프트 비어 양조장에서는 주로 독일과 체코스타일 맥주를 양조하고 있다.

태국 맥주

태국 최대의 맥주는 싱하Singha다. 태국인들은 싱하 맥주를 '비아싱'이라고 부르는데, 태국 국민 맥주격으로 사랑받는 맥주이다. 싱하 맥주는 1933년에 설립된 분 라우드Boon Rawd 양조장에서 생산하고 있다. 태국에서 흔하게 마실 수 있는 또 다른 맥주인 레오Leo 맥주도 이 양조장에서 생산하는 맥주다. 싱하 맥주의 최대 경쟁자로 창Chang이 있다. 다른 동남아 국가의 맥주와 마찬가지로 모두 라거 계열의 맥주다.

태국의 크래프트 비어 시장은 아직 미미하지만 꾸준히 성장하고 있다. 싱하와 같은 대기업 양조장에서도 에일 계열의 크래프트 비어를 생산하기 시작했으며, 세계적인 명성의 떠돌이 양조사 미켈러의 맥주를 방콕에서 맛볼 수 있다.

라오스 맥주

아시아 라거 맥주 가운데 단연코 최고로 평가받는 맥주가 비어 라오Beer Lao다. 적절한 쓴맛과 홉의 쌉싸름한 향이 조화를 잘 이룬 훌륭한 라거 맥주다. 라오스 현지에서는 500ml 병이 1000원 정도로 저렴한 가격에 훌륭한 맛을 즐길 수 있는데, 단연코 아시아 최고 맥주로 평가받기에 부족함이 없다.

비어 라오는 1971년에 프랑스와 라오스 사업가들에 의해 공동 설립된 맥주 양조장이다. 1975년에 라오스가 공산화되며 국영 기업이 됐다가, 1986년 경제개혁 방침에 따라 51%의 지분을 외국에 넘기고 사기업이 됐다. 2017년 기준, 라오스 정부가 25%의 지분을 가지고 있다.

비어 라오의 생산 설비는 모두 유럽에서 수입한 장비를 사용하고 있다. 몰트는 프랑스와 벨기에에서 수입하고, 홉과 효모는 독일에서 수입하며, 라오스산 쌀을 섞어서 양조하고 있다. 한국에도 수입되고 있으나, 진정한 비어 라오의 맛을 즐기려면 라오스 현지에서 마셔야 한다.

OTHER COUNTRY

맥주의 종류

BEER

미국/체코/일본/중국/
필리핀/베트남/태국/라오스

AMERICA

미국

캘리포니어 커먼 /
스팀맥주

아메리칸 라거

아메리칸 페일 에일

기타 국가

체코

일본

중국

필리핀

베트남 – 사베코

베트남 – 하베코

태국

라오스

맥주를 분류하는데 사용하는 용어

수입 맥주의 라벨을 보면 생소한 단어가 많다. 특히 독일이나 벨기에 맥주를 보면 익숙하지 않은 용어가 많이 쓰여 있어서 어떤 맛의 맥주인지 짐작하기 어렵다. 맥주 라벨에 쓰인 용어가 어떤 의미인지 대략 파악하고 있으면 어떤 맛의 맥주일지 약간은 짐작할 수 있다.

다양한 용어가 맥주를 나타내는데 사용되고 있지만 기본적인 몇 가지 요소를 알고 있으면 사실 그렇게 복잡할 것은 없다. 크게 분류해 맥주의 색깔, 도수, 생산 지역, 재료, 양조 방법이나 소비에 따른 기본적인 용어를 정리하면 다음과 같다. 수제 맥주의 경우 BJCPBeer Judge Certificate Program에서 분류한 상세한 기준이 있으니 한번 참조해보는 것도 좋다. 개인적으로는 그렇게까지 맥주를 분류해서 평가하는 것이 큰 의미가 있다고 생각하지는 않는다.

01

맥주의 색

영어의 경우 맥주의 색에 따른 분류는 비교적 명확하다. White, Pale, Golden, Blond, Amber, Red, Brown, Dark, Black의 용어는 문자 그대로 맥주의 색깔을 나타낸다. 화이트는 밝은 색깔의 맥주로 주로 밀맥주의 경우 색이 흰색에 가깝다고 해서 사용되는데, 사실 완전히 하얀색이 아니라 밝은 황금빛에 가깝다. 페일 에일 맥주도 비교적 밝은 색이나, 황금색의 라거 맥주보다는 진한 색을 가지고 있다. 골든과 블론드는 문자 그대로 황금색이고, 앰버는 호박색, 레드는 붉은 빛, 브라운은 갈색, 다크와 블랙은 어두운 검은색에 가까운 맥주다.

독일 맥주도 맥주의 색에 따라 표기되는 종류가 많다. Helles는 영어의 Pale에 해당되는 밝은색을 의미한다. Dunkel은 Dark를 의미하며 어두운 색의 맥주다. 마찬가지로 Schwarz도 Black에 해당하는 어두운 맥주다. Weiss는 영어의 White로 흰색의 맥주, 주로 밀맥주를 의미한다.

벨기에 맥주도 색상에 따라 Witbier는 밝은색 밀맥주로서 영어의 White Beer를 의미한다. Bruin은 갈색 맥주로 영어의 Brown이다. Kristal은 투명한 맥주를 의미하는데, 주로 여과를 해서 맑은 맥주를 의미한다.

02
맥주의 강도

알코올 도수에 따라 맥주에 여러 명칭이 붙는다. 가장 흔한 단어는 라이트Light와 스트롱Strong이다. 문자 그대로 가벼운 맥주와 강한 맥주를 의미한다. 스트롱 맥주는 통상 알코올 도수가 5도를 넘어가는 맥주를 의미한다. 대표적으로 벨지안 스트롱 에일이 있다. 더블Double, 트리플Triple은 각각 알코올 도수가 일반 맥주의 두세 배의 강한 맥주를 의미한다. 임페리얼Imperial도 높은 도수의 맥주를 지칭할 때 종종 쓰이는 단어다. 예컨대 임페리얼 스타우트Imperial Stout는 일반적 스타우트보다 도수가 높은 맥주다. 로버스트Robust도 강한 도수의 맥주를 나타낼 때 가끔 쓰인다.

영국의 에일 맥주를 지칭할 때는 알코올 도수에 따라 세 가지로 분류하는데, 오디너리Ordinary(혹은 Session) 비터Bitter는 일반적인 도수의 페일 에일을 의미한다. 베스트 비터Best bitter는 더 강한 도수의 페일 에일이고, 스트롱(혹은 프리미엄)

비터Strong bitter는 더 높은 페일 에일이다. 풀러Fuller's 양조
장의 스트롱 비터는 자신들이 등록한 상표인 ESB(Extra Special
Bitter)라고 표기한다.

아일랜드의 스타우트Stout는 '스트롱'이라는 의미로, 포터보
다 높은 도수의 맥주를 지칭한다. 스코틀랜드 맥주에 사용하
는 위 헤비Wee heavy도 높은 도수를 의미한다.

벨기에 맥주도 알코올 도수에 따라 다른 명칭을 사용한다.
Singel, Dubbel, Tripel, Quadrapel은 각각 싱글, 더블, 트
리플, 쿼드러플을 의미하며 맥주 도수가 일반적인 싱글에서
두 배, 세 배, 네 배가 높다는 의미로서 주로 트라피스트나
애비 맥주에 붙이는 명칭이다.

독일은 라이트에 해당하는 Leicht, 일반 맥주보다 좀더 높
은 도수인 Export, 영어의 더블에 해당하는 Doppel이 있다.
도펠은 주로 도펠복Doppelbock에 사용된다.

03
생산 지역과 장소

많은 맥주들이 생산 지역의 이름을 사용하는데, 각 생산지
별로 특징이 있으므로 생산지 이름을 보고 맥주의 스타일을

미루어 짐작할 수 있고, 생산지 명칭이 특정한 맥주의 스타일을 의미하는 경우가 많다. 맥주가 생산되는 국가의 명칭을 맥주 이름에 붙이기도 하는데, 대표적인 맥주 생산 국가의 이름이 붙는다. 예를 들어 아메리칸American, 브리티시British, 저머니Germany, 벨지안Belgian 등의 이름이 맥주 명칭에 사용되는데, 생산 국가명을 나타내고 있으며 각 국가별 주된 맥주의 특성을 반영하는 경우가 많다. 국가 명칭에서 세분화해 맥주 생산 지역에 따라서 명칭이 붙는 경우는 지역적 특성을 나타내는데, 주로 독일 맥주의 경우 지역 명칭이 붙는 경우가 많다.

필스너Pilsner	체코의 플젠Plzen 지역에서 양조한 맥주를 의미했으나, 일반적으로 라거 맥주와 거의 동일한 의미로 사용한다.
복Bock	독일 아인베크Einbeck 지방의 맥주를 지칭한다.
뮤닉Munich	독일 뮌헨 지역의 맥주.
쾰시Kolsch	독일 쾰른Koln 지역의 맥주.
뒤셀도르프Dusseldorf	독일 뒤셀도르프 지역의 맥주.
도르트문더Dortmunder	독일 도르트문드의 맥주.
고세Gose	독일 고슬라어Goslar 지역 맥주.
베를린Berlin	독일 베를린 지역 맥주
리흐텐하이너Lichtenhainer	독일 리흐텐 지역 맥주.
람빅Lambic	벨기에 람빅Lembeek 지역 맥주.
플랑드르Flanders	벨기에 플랑드르(플랜더스) 지역 맥주.
비엔나Vienna	오스트리아 빈 지역의 비엔나 라거.
트라피스트Trappist / 애비Abbey 맥주	특정한 수도원의 양조장에서 양조하거나 수도원의 허가를 받고 양조한 맥주. 주로 벨기에 맥주다.

04

맥주 재료

맥주를 만드는 재료는 맥주의 맛에 결정적인 역할을 하므로 맥주 명칭에 재료를 기반으로 한 명칭이 있는 경우 그 맥주의 맛을 미루어 짐작할 수 있다. 물론 같은 재료를 사용했다고 해도 맛의 차이가 현저하게 큰 경우가 많기에 일반화하기는 어렵다.

보리Barley	대표적으로 발리 와인Barley wine이 있다. 여기서 보리라 함은 맥아가 아닌 통보리를 사용했다는 의미다. 물론 맥아가 주원료지만, 맥아 이외에 싹을 틔우지 않은 통보리가 들어간 경우 'Barley'를 붙인다.
밀Wheat/Wit/Weizen	밀이 들어간 맥주의 경우 영어/벨기에/독일어로 각각 밀맥주임을 표기한다.
호밀Rye/Roggen	호밀이 들어간 맥주.
귀리Oatmeal	귀리가 들어간 맥주.
쌀Rice	맥주에 쌀이 재료로 들어간 경우.
부가물Adjunct	맥주에 몰트 이외에 옥수수 등의 부가물이 첨가된 맥주를 지칭한다. 주로 미국 맥주에서 옥수수를 첨가해 만드는데, 미국 맥주를 부가물 맥주라고 한다. 그런 의미에서 한국 맥주는 대부분 부가물 맥주인 셈이다.

과일Fruit	다양한 과일이 첨가된 경우 해당 과일명을 맥주에 붙인다. 예) Grapefruit
효모Hefe	주로 독일 밀맥주에 첨가된 효모를 의미한다. 헤페바이젠은 효모가 살아있는 생 밀맥주를 뜻한다.
훈제|Smoked/Rauch	훈제한 몰트를 사용한 맥주.

05

양조 방법과 소비 형태

맥주를 양조하는 방법은 각 양조장별로 차이가 있다. 특징적인 양조 방법에 따라 맥주의 스타일을 분류할 수 있다. 맥주의 명칭에 양조 방법이나 소비하는 방식에 따른 단어가 포함되어 있다면 대략 맥주의 스타일을 짐작할 수 있다.

Altbier	독일어로 Alt는 영어의 Old다. 오래된 양조 방식을 따라 만든 맥주를 의미한다.
Old ale	오래 숙성시킨 맥주를 의미한다.
Eisbock	맥주를 얼린 후 얼음을 제거하면 알코올보다 물이 먼저 얼기 때문에 맥주의 도수가 높아진다. 이런 방식으로 도수를 높인 맥주다.

Kellerbier	Keller는 영어의 Cellar에 해당한다. 즉 온도가 낮은 지하 보관 창고에서 저온으로 숙성시킨 맥주다.
California Common/Steam beer/Dampf beer	캘리포니아의 기후에서 양조한 방식이기에 명칭에 캘리포니아가 들어갔다. 맥아즙을 식힐 때 양조장 지붕을 열고 시원한 캘리포니아 바닷바람으로 식히는데, 이때 맥아즙에서 마치 스팀이 나오는 것처럼 보이기에 붙은 명칭이다.
Wood Aged/ Barrel Aged	나무통(주로 배럴이라 불리는 오크통) 속에서 숙성시킨 맥주를 의미한다. 당연히 오크통의 풍미가 맥주에 배어들어가 있다. 일반적으로 오크통 속에서 숙성시키지만 오크 나무 칩을 발효조에 집어넣는 경우도 있다.
Marzen	독일어로 3월이란 뜻으로 3월에 양조한 맥주다.
Maibock	독일어로 5월이란 뜻으로 5월에 주로 마시는 맥주다.
Octoberfest	10월 맥주 축제인 옥토버페스트에서 마시는 맥주다.
Saison	영어로 Season이란 뜻으로, 벨기에 농촌에서 농한기에 양조해 농번기에 마시는 농주다.
Session	알코올 도수가 낮은 맥주로 취하지 않고 대화하면서 가볍게 마시기 좋은 맥주다.
Table Beer	식사를 할 때 음료수로 마시는 저도수 맥주로 1~2도가량의 가벼운 맥주다.
Porter	맥주를 주로 마신 소비자의 명칭, 즉 런던의 짐꾼들이 마시던 맥주가 하나의 스타일로 자리 잡은 경우다.
Expor/Foreign	오랜 항해에 견딜 수 있도록 만든 수출용 맥주에 붙는 명칭인 경우다.

수제 맥주 바이블

06

맛

Mild	영국에서 숙성이 되지 않은 영비어^{Young beer}를 의미한다.
Bitter	영국에서 Pale ale을 의미하는 맥주로, 다른 맥주에 비해 쓴맛이 더 강하다고 해서 붙은 명칭이다.
Dry	당 성분이 거의 없도록 발효되어 맛이 드라이한 맥주다.
Sour	신맛이 나는 맥주.
Cream Ale	크림 맥주.
Sparkling Ale	샴페인같이 거품이 있는 맥주다.

PART 04

집에서
수제 맥주 만들기

맥주 양조 과정 / 홈브루잉 양조 장비 / 캔 양조 과정 /
완전 곡물 양조 과정 / 완전 곡물 양조 재료 / 유명 수제
맥주 레시피 / 홈브루잉의 장점과 단점 / 우리나라 수
제 맥주 양조장과 펍

맥주에 관해 많은 사실을 알게 됐고, 맥주를 좋아하고, 더불어 여러 맥주를 마셔보았다면, 자신만의 맥주를 만들고 싶은 욕망이 생겨나는 것은 당연한 일이다. 세상에 존재하는 모든 맥주를 다 마셔보는 것은 불가능하겠지만, 웬만큼 마시다보면 자신의 취향이 어떤 스타일의 맥주인지 알게 될 것이고, 오로지 나만의 취향을 반영한 맥주를 만들어 마시고 싶은 욕망이 생기는 것은 자연스러운 일이다.

그래서 많은 맥주 애호가들이 직접 맥주를 만들어 마신다. 나만의 맥주를 만들어 마신다는 것은 대단히 의미있는 일이고, 더불어 수제 맥주집에서 마시는 맥주보다 저렴한 비용으로 맥주를 마음껏 마실 수 있다는 것은 주당들에게는 더욱 매력적인 일이다.

집에서 맥주를 만드는 것은 그리 어렵지 않다. 최소한의 장비만 갖춰도 맛있는 수제 맥주를 만들어 마실 수 있다. 각자의 형편에 맞도록 다양한 수제 맥주 제조용품들이 시중에 나와있으므로 간단한 장비만 있으면 맥주를 만들 수 있다. 시중에서 판매되는 원액 캔을 사용해 맥주를 양조하는 방법을 선택한다면, 맥아즙을 발효시킬 플라스틱 통 하나만 있으면 맥주를 만들 수 있다.

여기서는 기본적으로 맥주를 만드는 과정에 대해 설명하고, 캔 양조와 완전 곡물 양조를 위한 장비와 양조 과정을 단계별로 짚어보았다. 집에서 맥주를 만드는 작업이 생각보다 간단하다는 것을 알게 될 것이고, 약간의 노력으로 맛있는 맥주를 마실 수 있다는 사실을 새롭게 알게 된다면, 나만의 맥주 양조를 시작할 의지가 생길 것이다.

맥주 양조 과정

맥주를 만드는 과정은 맥주의 종류에 따라 약간씩 차이가 있을 수 있지만 대체로 비슷하다. 종류에 따라 발효 온도, 숙성 기간 등의 차이가 있지만 기본적으로 보리 몰트에서 당분을 추출해 발효시키는 과정은 동일하다. 홈브루잉을 하는 경우 맥주 20리터 한 배치Batch를 만들기 시작해서 마실 수 있을 때까지 대략 30일 정도 걸린다고 보면 된다. 발효 기간과 숙성 기간의 차이 때문에 라거 맥주는 에일 맥주에 비해 만드는 기간이 조금 더 오래 걸린다.

01 몰트 만들기

맥주를 만들기 위해 가장 먼저 해야 하는 것은 보리를 맥아화 즉 몰트화시키는 과정이다. 생보리는 그 상태로 당분을 추출해내는 것이 어렵다. 보리가 가진 당분은 단단한 껍질 속에 전분의 형태로 들어있기 때문에 자연 상태 그대로는 효모가 작용해 당분을 분리해내는 것이 어렵다. 따라서 생보리에서 쉽게 당분을 추출하기 위한 상태로 만드는 과정을 거쳐야 한다. 이 과정이 보리 몰트를 만드는 과정이다.

우선 보리를 물에 담가서 이틀가량 수분을 흡수시키고 일주일 정도 싹을 틔운다. 싹이 트면서 전분을 당으로 바꾸는 데 필요한 효소가 만들어진다. 싹이 튼 보리가 맥아 즉 몰트인데, 이 상태에서 맥아는 수분을 함유하고 있기 때문에 계속 싹이 자라는 것을 막기 위해 보리를 볶아준다.

보리에 싹을 틔우고 볶아주는 과정은 10일 정도 걸린다. 이 과정을 거치고 나면 보리는 맥주를 만드는 원료인 맥아 즉 몰트가 된다. 이제 보리에서 당을 쉽게 추출할 수 있는 상태가 됐다.

몰트를 만드는 과정은 만들어지는 맥주의 바디감에 영향을 주기 때문에 매우 중요한 과정이다. 몰트의 종류에 따라 맥주 종류와 풍미가 결정된다. 보리의 종류와 볶는 방법에 따라 특정한 몰트가 만들어진다. 예를 들어 페일 에일을 만들기 위해서는 페일 에일 몰트를 사용하고, 어두운 색의 맥주를 만들기 위해서는 조금 더 태운 몰트를 사용하는 식이다.

몰트를 만드는 방법은 맥주의 맛과 종류에 큰 영향을 미치기 때문에 숙련된 기술이 필요하다. 국내에서 제조하는 맥주는 몰트를 수입해 만들고 있다. 보리를 재배해 직접 몰트처리를 해도 되지만 효율이 떨어지고 경제성의 이유로 상업 양조장에서는 대부분 몰트를 수입해서 맥주를 만들고 있다.

02 분쇄

몰트가 만들어지면, 몰트에서 당을 더욱 쉽게 추출할 수 있도록 적정한 크기로 몰트를 분쇄한다. 너무 잘게 분쇄하거나 너무 크게 분쇄하면 당화 과정에서 효율이 떨어지거나 원치 않는 향이 나올 수 있으므로 보통 맥아가 두세 조각 정도로 분쇄되도록 하는 것이 좋다.

03 당화Mashing

당화 과정은 맥아에서 당분을 추출하는 과정이다. 분쇄된 맥아를 더운 물에 넣어 맥아의 전분을 당으로 변화시킨다. 55도에서 72도 사이의 물에 맥아를 넣고 일정 시간 동안 담가서 당을 추출해낸다. 이 과정을 거치면 맥주를 만드는 원료인 맥아즙Wort이 만들어진다. 워트는 독일어로 뿌리를 뜻한다. 몰트에서 당을 추출해 맥아즙을 만드는 과정이 당화이다.

당화를 하면서 여과를 하는데, 이는 맥아즙에 포함된 찌꺼기를 걸러내는 과정이다. 홈브루잉을 하는 경우 끓인 맥아즙을 받아서 다시 그레인 베드Grain bed 즉 곡물 위에 붓는 과정을 몇 번 거치면 맥아즙이 자연스럽게 걸러져서 맑은 맥아즙이 된다.

맑은 맥아즙이 만들어지면, 몰트에 남아있는 당분을 씻어내어 더 많은 당분을 추출해내는데, 이 과정을 스파징이라 한다. 남은 몰트에 따뜻한 물을 부어 10분가량 담가서 맥아 표면에 붙어있을 잔당을 씻어내는 과정이다. 이 과정은 당분을 최대한 추출해내기 위한 과정이므로 생략해도 무방하나 대신 효율이 떨어지게 되므로 최대한의 잔당을 모두 뽑아내기 위해서 스파징은 꼭 하는 것이 좋다.

04 끓이기Boiling/호핑Hopping

당화 과정을 거치고 맥아즙이 만들어졌으면, 맥아즙을 한 시간 정도 팔팔 끓여준다. 맥아즙에 남아있는 잡스러운 향이나 맛이 이 과정에서 날아간다. 보일링을 하면서 홉을 첨가하는데, 이때 첨가하는 홉의 종류와 양, 첨가하는 시간에 따라 맥주가 가지는 홉 향이 크게 영향을 받는다.

맥아즙에 홉을 넣고 끓이면 홉에서 수지와 기름이 나오는데, 수지는 맥주의 쓴맛에 영향을 주고, 기름은 홉 특유의 향을 맥주에 첨가해준다. 홉의 종류는 매우 다양해서 어떤 홉을 사용하느냐에 따라 맥주에서 풍기는 홉 향이 크게 달라진다.

또한 맥주의 쓴맛 정도도 홉의 양에 따라 크게 좌우된다. 보통 보일링 초기에 홉을 넣고 오랜 시간 끓이게 되면 홉 향은 증발해 날아가고 홉의 쓴맛만 남는다. 따라서 홉 향을 보존하려면 보일링이 끝나갈 무렵에 홉을 추가하고, 쓴맛을 더 강조하려면 보일링 초기에 홉을 넣는다.

보통 홉은 여러 종류를 혼합해서 사용하고, 홉을 투하하는 시간도 다양하게 조절하기 때문에, 무궁무진한 맥주의 개성이 만들어진다. 홈브루잉을 하는 것은 이런 과정에서 자신만의 레시피를 개발해 개성있는 나만의 맥주를 만들기 위해서이다. 세상에 둘도 없는 나만의 맥주를 만든다는 것은 홈브루잉의 특징이자 가장 큰 매력이다. 시간과 비용을 투자하여 홈브루잉을 하는 이유이기도 하다.

05 냉각Chilling

홉을 넣고 한 시간 정도 끓인 후에는 맥아즙을 빠른 시간 내에 발효 온도로 낮춰줘야 한다. 보통 라거는 10도 이하, 에일은 21도 정도가 발효 온도이므로, 끓인 맥아즙을 이 온도까지 빠르게 냉각을 시켜야 한다. 칠러라 부르는 냉각기를 맥아즙에 넣고, 찬물을 순환시켜 온도를 낮춰준다.

빠르게 냉각을 시켜주는 이유는 공기에 노출된 맥아즙에 불순물이 들어가 오염되는 것을 방지하기 위해서다. 공기에 노출된 시간이 짧으면 짧을수록 오염의 가능성도 낮아지니, 가급적 빠르게 냉각시키는 것이 관건이다.

국가별로 홈브루잉 스타일이 다른데, 호주의 홈브루어들은 냉각기를 사용하지 않고 끓인 맥아즙을 곧장 용기에 받아서 밀폐하고 하루 정도 놔두어 자연스럽게 식혀서 발효조에 옮기는 방법을 사용한다. 그러나 이 방법은 시간이 오래 걸리기에 대부분의 경우 칠러를 사용해 맥아즙을 냉각한다.

발효조

케그

당화조(매시튠)

케그

06 발효Fermentation

적절한 온도로 냉각된 맥아즙을 발효조에 옮기고 효모를 투여하면 이제 효모가 발효를 시작하면서 맥아즙의 당을 분해하기 시작한다. 효모는 당을 섭취하고 분해하면서 그 부산물로 이산화탄소와 알코올을 배출한다. 발효 기간은 효모의 종류에 따라 다르다.

상면발효 효모는 21도 정도의 온도에서 3~6일 정도에 발효를 마친다. 하면발효 효모는 10도 이하의 저온에서 6~10일 정도 발효한다. 발효가 끝나면 효모의 활동이 정지하고 맥아즙의 비중이 더 이상 변하지 않는다. 맥아즙의 비중은 사용한 몰트의 양에 따라 틀려지며 발효가 끝나면 당의 농도가 낮아져서 농도가 1.0에 가까워진다.

비중계를 사용해 측정했을 때 3일간 비중의 변화가 없으면 발효가 끝난 것으로 본다. 의도적으로 남아있는 당의 비중을 높게 잡아서 맥주를 만들기도 하는데, 이런 맥주의 경우 포함되어 있는 당 성분이 높으므로 영양가가 높고 맛도 단맛이 강하다.

발효를 하는 도중에 홉을 추가해 투입하기도 하는데, 이를 드라이 호핑이라 한다. 드라이 호핑을 하게 되면 홉이 가진 고유의 향을 최대로 뽑아낼 수 있으므로 홉 향을 강조하는 맥주는 다양한 종류의 홉으로 드라이 호핑을 한다.

발효가 갓 끝난 상태인 미숙성 맥주를 영 비어Young beer 라고 한다. 영국의 전통적인 에일 맥주는 영 비어를 캐스크에 담아 펍으로 보내고 펍에서 2차 발효와 숙성을 거치기도한다.

07 숙성Lagering

발효가 끝난 영 비어는 저장 용기에 담아 2차 발효를 시키거나 적절한 온도에서 숙성시키는 과정을 거친다. 영 비어를 숙성시키는 기간은 맥주의 종류에 따라 다르다. 일반적으로 에일 계통 맥주는 2주 정도의 숙성 기간을 거치고, 라거 계열 맥주는 한 달이나 그 이상의 숙성 기간을 거친다.

숙성 기간을 건너뛰고 마실 수도 있다. 브루 펍에서는 2차 숙성기간을 건너뛰는 경우도 있고, 집에서 맥주를 만드는 경우에도 굳이 2차 숙성 기간을 갖지 않고 바로 마시기도 한다. 하지만 통상적으로 에일 맥주의 경우 2주 정도의 숙성 기간을 거쳐야 가장 맛있는 상태가 된다. 맥주의 종류에 따라서는 오랜 숙성 기간이 반드시 필요한 맥주도 있다.

08 병입Bottling

상업 맥주의 경우, 숙성이 끝난 맥주는 마시기 편하도록 용기에 담겨져 유통된다. 다양한 종류의 유통과정이 있는데, 일반적으로 생맥주라고 할 수 있는 드래프트 맥주는 살균이나 여과 과정 없이 캐스크 통에 담겨 펍으로 보내진다. 영국에서 캐스크 비어 혹은 리얼 에일이라 불리는 생맥주를 펍에서 마시는 것은 맥주를 가장 맛있는 상태로 마실 수 있는 방법이다.

여과와 살균 과정을 거쳐 케그Keg에 담아 유통하는 맥주를 케그 비어라 한다. 흔히 생맥주 집에서 마실 수 있는 맥주는 사실 생맥주가 아니라 여과와 살균을 거친 케그 비어다. 효모와 다른 여러 성분이 죽어있기에 맥주 본연의 맛을 살리기 어렵지만, 유통 기간을 늘릴 수 있고 맥주의 변질을 막을 수 있기 때문에 대부분의 맥주는 여과 살균 처리를 한다.

케그 비어와 마찬가지로 여과 살균한 맥주를 병이나 캔에 담아 유통 판매하는 것이 보편적인 상업 맥주의 유통 방법이다. 홈브루잉을 하는 경우에는 페트병이나 유리병에 소량의 당분을 첨가해 맥주를 담는데, 병 속에서 2차 발효가 일어나서 자연스럽게 맥주가 탄산화되어 거품을 만들어낸다.

편리성 때문에 홈브루잉을 할 때 페트병을 많이 사용하는데, 유리병을 사용하는 것이 맥주 맛을 더 좋게 만든다. 플라스틱 페트병에 비해 유리병이 시각적으로 보기 좋아서 맥주 맛이 더 좋게 느껴질 수도 있겠지만, 일반적으로 페트병보다는 유리병에 담아 숙성시킨 맥주가 더 맛있다는 것이 홈브루어들의 경험에서 우러나온 중평이다. 그래서 홈브루어들 중에는 불편해도 유리병을 고집하는 브루어들이 있다.

병에서 2차 발효를 하는 맥주는 병 밑에 침전물이 가라앉아 있다. 효모와 부산물이 밑에 가라앉은 것인데, 흔들어서 같이 마시기도 하고, 남겨두고 마시기도 한다. 마치 막걸리를 흔들어 마시는 사람이 있고, 맑은 부분만 마시고 침전물은 놔두는 사람이 있듯이 맥주도 개인 취향에 따라 다르다. 밀맥주는 일반적으로 효모를 같이 마시고, 람빅은 침전물이 섞이지 않도록 마시는 것이 관례다.

홈브루잉 양조 장비

맥주를 만드는데 필요한 장비는 크게 2가지다. 몰트를 끓여 맥아즙으로 만드는 당화조와 만들어진 맥아즙을 발효시키는 발효조 두 가지 장비가 있으면 기본적으로 맥주를 만들 수 있다. 기본적인 장비는 상업 양조에서도 큰 차이가 없다. 두 가지 장비의 원리는 똑같기 때문이다. 물론 상업 양조는 홈브루잉과 달리 품질 관리를 위해 필요한 장비가 추가되지만 기본 원리에 있어서는 동일하다.

집에서 맥주를 만드는 홈브루잉의 경우 크게 두 가지 방법으로 만들게 된다. 몰트를 당화시켜 맥아즙을 만들어 발효시키는 완전 곡물 방식과 당화를 끝낸 맥아즙 농축액을 사용하는 캔 양조 방식이다. 장비를 줄이고 조금 더 편한 방식으로 BIAB(Brew in a Bag)이라는 방식도 있으나 완전 곡물 방식과 큰 차이는 없다.

기본적으로 완전 곡물 양조를 위해 필요한 장비는 14가지다. 매쉬튠이라 불리는 당화조 스테인레스 용기 1개, 라우터튠 용기 1개, 끓임조 스테인레스 용기 1개, 물을 데워줄 가스나 전기 버너, 소독제, 비중계, 저울, 온도계, 주걱, 비이커, 에어락, 발효조, 맥아즙 칠러를 갖추면 완전 곡물 양조를 할수 있다. 매쉬튠과 라우터튠은 보통 하나의 용기로 같이 쓰는 경우가 많기에 30리터 정도의 스테인레스 용기 2개와 발효조 1개를 갖추면 기본적인 맥주 양조를 할 수 있다.

맥주 양조 장비는 복잡한 장비는 아니지만 공간을 꽤 차지하기 때문에 BIAB 방식을 사용하는 경우도 있는데, 이 방식을 사용하면 곡물을 담을 곡물망이 필요하고, 대신에 스테인레스 용기는 1개만 갖춰도 양조가 가능하다. BIAB 방식을 편리하게 자동화시킨 장비로 올인원All in One 장비가 있는데, 최근에는 비교적 저렴한 가격에 구매할 수 있어서 이 장비를 갖추고 집에서 양조하는 사람들이 늘어나고 있다. 올인원 장비는 공간도 크게 차지하지 않고, 따로 물을 끓일 버너가 필요하지도 않아서 양조가 매우 편리하다. 어차피 완전 곡물 양조

완전 곡물 양조에 필요한 장비

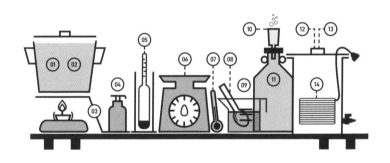

01 당화조	05 비중계	09 비이커	13 더운물 저장조
02 여과조	06 저울	10 에어락	14 칠러
03 버너	07 온도계	11 발효조	
04 소독제	08 주걱	12 끓임조	

를 위한 장비를 갖춘다면 올인원 장비를 장만하는 것이 여러모로 편하고 비용도 절감된다. 당화와 스파징 끓임까지 모든 양조 과정이 장비 하나로 해결되고, 프로그램도 가능하므로 당화 과정에서 스텝매싱을 편리하게 할 수 있기에 홈브루잉 장비로 올인원 장비를 갖추는 사람들이 늘어나고 있다.*

 ● 대표적인 장비로 국산은 브루캐스케이드, 독일 브루마이스터, 뉴질랜드 그레인파더, 호주 로보브루 등의 올인원 장비가 있다. 일부 모델은 국내에 수입되고 있으며 해외 직구를 통해 구입할 수 있다.

　발효 기간을 제외하면 양조 과정에서 가장 시간이 걸리는 것이 몰트를 당화시켜 맥아즙을 추출하는 과정이다. 그래서 이 과정을 생략하고 편하고 빠르게 맥주를 만들어 마시고 싶은 사람들을 위해 원액 캔이 있다. 홈브루잉을 시작하는 사람들 중 대다수가 처음에는 캔으로 양조를 시작한다. 캔 양조를 하면서 경험이 쌓이고 더 다양한 맥주를 만들고자 하는 욕구가 생기면 완전 곡물 양조로 넘어가게 된다.
　캔 양조를 하는 과정과 완전 곡물 양조를 하는 과정을 단계별로 살펴보면 다음과 같다.

캔 양조 과정

보리 몰트를 당화하는 과정이 시간이 걸리고 장비가 필요
하므로 이 과정을 생략하고 캔으로 판매되는 맥아즙 농축액
을 사용하는 방식이다. 다양한 종류의 캔이 시중에 판매되고
있으므로 원하는 맥주 종류를 선택해서 양조하면 된다.

맥주 재료를 판매하는 온라인 쇼핑몰을 검색해보면 다양
한 종류의 원액 캔이 판매되고 있다. 개인 취향에 따라 원하
는 종류의 캔을 선택해 양조를 진행하면 된다. 캔은 원액의
무게에 따라 3kg 캔과 1.5kg 정도의 캔이 있다. 20리터가량
의 맥주를 양조했을 때, 3kg 캔은 다른 추가 재료가 필요없
고, 1.5kg 캔은 설탕이나 포도당이 추가로 필요하다. 10리터
를 양조한다면 1.5kg 캔도 추가 재료는 필요없다.

캔 양조를 하기 위해서 기본적으로 필요한 장비는 에어락
이 달린 발효조, 비중계, 온도계, 그리고 맥주를 담을 페트병
이나 유리병이 필요하다. 캔에 담겨 있는 것은 농축된 맥아
즙이고, 각 캔에는 특정 스타일의 맥주를 만들기 위한 효모
와 설명서가 동봉되어 온다. 캔에 따라오는 설명서에 따라서
양조를 하면 된다. 일반적인 캔 양조 과정은 다음과 같다.

❶ 소독

소독제로 양조 장비를 모두 소독한다. 맥주를 만드는 과정에서 오염이 발생하면 맥주 맛을 변질시키는 가장 큰 원인이 되므로 양조를 시작하기 전에 모든 용기를 깨끗하게 소독해야한다. 알코올을 사용해도 되고, 소독제를 따로 구매해서 사용해도 된다. 맥주 용기 소독용으로 판매하는 스타산이라는 제품을 많이 사용한다.

❷ 캔 중탕

맥아즙이 들어있는 캔을 더운 물에 5분 이상 데운다. 맥아즙이 적당히 데워지면 캔 오프너를 이용해 캔을 개봉하고 내용물을 발효조에 붓는다.

❸ 물 양 맞추기

발효조에 캔의 맥아즙과 설탕이나 포도당을 섞은 더운 물 5리터 정도를 함께 붓는다. 3kg 캔을 사용하는 경우에는 포도당이나 설탕을 추가할 필요가 없으므로 필요없는 과정이다. 캔의 맥아즙을 발효조에 붓고 난 후, 적절한 양의 물을 추가해 정해진 용량을 맞춘다. 캔 종류에 따라 다르지만 통상 10리터 혹은 20리터에 맞춘다.

❹ 온도 맞추기

맥아즙의 온도가 적절한 온도가 되도록 물의 온도를 조절한다. 에일 맥주의 경우 18~23도 사이, 라거 맥주의 경우 10도 이하의 낮은 온도를 맞춰주어야 한다. 이를 위해서 맥아즙에 물을 추가 할 때 적절한 온도가 되도록 물을 데우거나 냉각을 시켜서 맥즙에 부어 줘야 한다. 목표로 한 맥아즙의 양에 도달했을 때 적절한 온도가 되도록 물 온도를 조절하고, 계속 온도를 측정해서 적절한 온도가 되도록 한다.

❺ **비중 측정**	목표로 한 양이 되었으면, 비중계를 사용해 맥아즙의 비중을 측정한다. 일반적인 페일 에일 맥주의 경우 비중이 1.050 정도다. 캔에 동봉된 설명서에 목표 비중이 나와있다. 비중이 낮으면 설탕을 첨가하거나, 비중이 높으면 물을 추가해 목표 비중을 맞춰준다. 설명서의 지시대로만 양을 맞추면 적절한 비중이 되지만, 비중계로 확실하게 측정하는 것이 좋다.
❻ **젓기** **(에어레이션)**	주걱을 사용해 맥아즙을 충분히 저어준다. 이 과정을 에어레이션이라 하는데, 효모를 투입하기 전에 맥아즙에 공기를 충분히 공급해 효모가 발효를 원활히 할 수 있게 만들어주는 과정이다. 효모가 발효하기 위해서는 산소가 필요하기에 충분히 젓고 거품을 내어 산소가 충분히 맥아즙에 녹아들도록 한다.
❼ **효모 투입**	충분히 젓고 거품을 냈다면, 캔에 동봉된 효모를 투입한다.
❽ **에어락** **설치**	발효조의 뚜껑을 닫고 에어락을 설치한다. 에어락에는 물을 사용해도 되지만 소주와 같은 알콜을 채워주면 더 좋다. 에어락은 효모가 당을 분해하면서 발생하는 이산화탄소가 원활히 빠져나가도록 하면서 외부 공기가 유입되는 것을 차단해 오염을 막는 역할을 한다.
❾ **발효**	정해진 온도를 유지할 수 있는 곳에 발효조를 놓는다. 발효 기간 동안 에일 맥주의 경우 20도 정도, 라거 맥주의 경우 10도 정도를 유지해야 한다.
❿ **에어락** **확인**	발효가 시작되어 에어락에 기포가 올라오는 것을 확인한다. 적절한 온도에서 하루나 이틀 정도 지나면 에어락에 기포가 올라오는 것을 확인할 수 있다. 활발하게 발효가 되는 경우 기포가 너무 많이 올라와 넘치는 경우도 있는데, 자연스런현상이므로 걱정할 필요는 없다.

수제 맥주 바이블

⑪ **비중 측정**	일주일 정도 경과 후 더 이상 기포가 올라오지 않으면 비중계를 사용해 비중을 측정한다.
⑫ **발효 완료**	3일 동안 계속해서 비중계의 수치에 변화가 없으면 발효가 끝난 것이므로 병입을 시작한다.
⑬ **병입 준비**	준비된 맥주병을 소독제로 살균하고 적절한 양의 설탕을 투입한다. 1리터에 7~8그램의 설탕이 대체적으로 적절한 양이다. 너무 적게 설탕을 넣으면 맥주 거품이 충분치 않게 되고, 너무 많은 설탕을 넣으면 거품이 너무 많아지거나, 심한 경우 맥주병이 터질 수도 있다.
⑭ **병입 완료**	맥주를 병에 주입하고 병뚜껑을 닫는다.
⑮ **탄산화**	대략 20~25도 정도의 적절한 온도로 3일에서 일주일 정도 탄산화를 시킨다. 효모가 병에서 2차 발효를 시작해 탄산화가 진행된다. 맥주가 충분한 거품을 갖기 위해서는 적절하게 탄산화가 되어야 한다.
⑯ **2차 발효/** **숙성**	일주일 정도 탄산화를 하고 난 후에, 2차 발효를 위해 적절한 온도로 일정 기간 숙성 기간을 갖거나, 냉장고로 맥주를 옮겨서 2주가량의 숙성 기간을 갖는다. 발효와 탄산화가 끝난 맥주는 2주에서 한 달가량 냉장고에서 숙성을 거쳐야 가장 맛있는 상태가 된다.
⑰ **완성**	맛있는 맥주를 마신다

캔으로 양조하는 과정은 이렇듯 매우 간단해 누구나 쉽게 집에서 맥주를 만들어 마실 수 있다. 과정 자체는 쉽지만, 발효 온도를 맞추는 것은 가정에서 쉬운 일이 아니다. 그렇기에 많은 맥덕들은 발효용 냉장고를 따로 갖춰 양조를 한다. 발효용 냉장고가 없는 경우에는 실내에서 적절한 온도를 유지하면 된다. 발효 냉장고가 없으면 한여름이나 한겨울에 양조를 하기가 쉽지 않다.

맥주 재료를 판매하는 곳에서 기본적인 양조 장비도 판매하고 있다. 캔 양조를 위한 기본적인 장비는 발효조, 비중계, 온도계 그리고 맥주를 병입할 내압 페트병 정도인데, 맥주 재료 판매처에서 대부분 기본 세트를 일괄적으로 판매하고 있고, 가격도 그리 비싸지 않다.

완전 곡물 양조 과정

완전 곡물 양조는 캔 양조에 비해 더 복잡한 장비를 갖춰야 한다. 장비의 가격도 만만치 않으므로 어떤 장비를 갖추어야 할지 숙고해 판단하는 것이 좋다. 앞서 설명했듯 당화를 하기 위한 스테인레스 당화조와 끓임조가 각각 1개씩 기본적으로 필요하다. 곡물망을 사용한다면 당화조에서 당화를 마치고 곡물망을 들어낸 후 맥아즙을 끓이면 되므로 1개의 스테인레스 통으로도 양조가 가능하다. 맥아즙을 끓인 후 빠른 시간 내에 적절한 온도로 맥아즙을 식혀야 하므로 칠러도 필요하다.

완전 곡물로 양조를 하는 것은 적절한 장비를 갖춰야 하고 대략 5시간 정도가 걸리는데, 장비의 소독과 청소 등 이런저런 자질구레한 것들을 고려하면 하루를 꼬박 잡아먹는 작업이다. 그럼에도 불구하고 홈브루어들이 완전 곡물로 양조를 하는 이유는 자신만의 개성을 가진, 세상에 둘도 없는 맥주를 만들 수 있기 때문이다. 맥아와 홉의 적정한 무게를 일일이 측정하고 정확하게 시간을 지켜서 당화와 호핑을 하며 양조를 진행하는 과정은 그 자체가 재미있는 과정이다. 레시피를 짜면서 과연 어떤 맛의 맥주가 만들어질지 상상해보고, 설레는 마음으로 맥주가 숙성되기를 기다리는 과정도 완전곡물 양조의 매력이이다. 그렇기에 많은 홈브루어들이 기꺼이 시간과 정성을 들여 완전 곡물 맥주를 만들고 있다.

실제로 IPA 맥주 20리터를 집에서 양조하는 과정을 정리하면 다음과 같다. 캐스케이드 홉을 사용한 캐스케이드 IPA

를 만드는 하나의 예시로서 완전 곡물 양조 과정이다. 같은 홉을 사용하더라도 홉의 투여 시점과 양에 따라 맥주 맛이 틀려지고, 곡물의 종류와 양도 큰 영향을 미친다. 따라서 맥주를 만드는 방법은 무한정이다.

몰트	어메리칸 2 로우American 2 row 6kg, 캐러멜Caramel 60
	몰트 0.5kg, 총 6.5kg
홉	캐스케이드 홉Cascade hop 168g
효모	US West Coast M44

---

❶
레시피

완전 곡물 양조의 첫 단계는 우선 레시피를 준비하는 것부터 시작한다. 레시피에 기본적이고 필수로 들어가는 것은 몰트와 홉 그리고 효모다. 인기있는 레시피인 인디아 페일 에일을 예로 들면 페일 에일 몰트와 다양한 종류의 홉, 그리고 IPA에 적합한 효모를 준비해야 한다. 여기서는 캐스케이드 홉 한 가지만을 사용해서 양조하는 레시피이다.

---

❷
양조 장비의
세척과 소독

맥주 양조에 있어서 매우 중요한 부분이 장비의 세척과 소독이다. 원치 않는 균이 들어가는 경우 맥주 맛을 심각하게 변질시키므로 항상 세척과 소독을 철저히 해야 한다.

---

❸
당화조에
물 끓이기

당화를 하기 위해 당화조에 적정량의 물을 데워야 한다. 당화를 위한 물의 양은 곡물 무게에 따라 달라지는데 통상적으로 곡물 1kg당 물 3~4리터 정도를 데운다. 곡물의 양이 5kg이라면 15~20리터의 물을 데운다. 위 레시피에서 곡물 양이 6.5kg이므로 적절한 물의 양은 대략 20~24리터다. 여기서는 23리터를 데운다. 당화가 끝난 후 스파징을 하는 단계에서 최종 맥즙의 양을 맞춰줄 수 있으므로 물의 양에 너무 민감할 필요는 없다.

---

❹ **당화 온도 맞추기**	당화 즉 매싱은 두 가지 방법으로 나눌 수 있는데, 온도를 여러 단계에 거쳐 변화시키며 당화를 하는 스텝 매싱이 있고, 일정한 온도로 처음부터 끝까지 당화를 진행하는 방법이 있다. 일반적으로 스텝 매싱을 하면 효율이 높아진다고 알려져 있으나 요즘 몰트는 스텝 매싱이 굳이 필요하지 않도록 처리가 되어 나오기에 일정한 온도로 처음부터 끝까지 매싱하는 경우가 많다. 맥주 스타일별로 적절한 당화 온도가 나와 있으므로 각 스타일에 따라 적절한 온도로 매싱을 한다.
❺ **당화조에 곡물 투입**	당화조의 물이 목표로 한 온도에 도달하면 준비한 곡물을 당화조에 부어준다. 여기서는 물 온도를 55도에 맞추고 곡물을 투입한다.
❻ **젓기**	곡물을 부어주고 난 후 주걱으로 잘 저어준다. 당화가 진행되는 동안 자주 저어주어서 곡물이 바닥에 눌러붙는 것을 방지해야 한다.
❼ **물 온도 맞추기**	위 레시피에는 스텝 매싱을 적용해서 물 온도를 단계별로 맞추어준다. 스텝 매싱을 생략하고 일반적으로 72도 정도에서 60분간 당화를 진행하는 경우가 많다. 스텝 매싱도 스타일별로 틀려질 수 있는데, 위 레시피에서는 55도에서 15분, 65도에서 30분, 69도에서 10분, 73도에서 30분, 79도에서 15분으로 총 85분간 당화를 진행한다. 당화 과정에서 시간은 목표 온도에 도달한 이후부터 계산한다. 즉 55도에서 15분 당화를 진행한 후에 온도를 65도까지 높이고, 65도에 도달한 시점부터 30분간 진행을 하는 식이다.

수제 맥주 바이블

➑ 라우터링	당화가 끝나면 맥아즙을 받아서 다시 곡물 위에 부어 주는 과정을 여러 번 반복한다. 이것을 라우터링이라고 한다. 이 과정은 그레인 베드로 불리는 곡물 층이 맥아즙을 여과해서 맑게 만드는 과정이다. 맥아즙을 받아서 다시 부어주는 과정을 반복하다보면 맥아즙이 차츰 맑아지는 것을 눈으로 확인할 수 있다.
➒ 스파징	당화조의 맥아즙을 모두 끓임조로 옮기고 난 후, 남아 있는 곡물에 77도로 데운 물을 부어서 곡물에 남아있는 잔당 성분을 씻어낸다. 스파징을 하면 곡물에 붙어있는 남은 당분을 추출해 낼 수 있으므로 당화 효율이 높아 진다. 스파징 물의 양은 당화가 끝난 맥즙의 양과 목표로 하는 최종 맥즙의 양에 따라 결정된다. 23리터의 물로 당화를 시작한 경우, 곡물이 흡수한 물의 양이 있기에 당화가 끝나고 라우터링을 거쳐서 맥아즙을 받고 나면 대략 18리터 정도가 된다. 이 경우 스파징 물을 10리터 하고, 스파징이 끝난 물을 기존에 받아놓은 맥아즙과 합하면 대략 최종 맥아즙의 양은 총 27리터 정도가 된다.
➓ 끓임	최종 확보된 맥아즙 27리터를 60분가량 펄펄 끓인다. 이 과정은 맥아즙에 남아있는 불쾌한 잡냄새 등을 제거하고 동시에 살균을 하는 과정이다. 불의 세기에 따라 맥아즙이 증발하는 양이 달라지는데, 대략 한 시간 정도 끓이고 나서 최종 목표로 하는 양인 20리터가 맞도록 맥아즙의 양을 당화와 스파징 과정에서 조절을 한다. 여기서는 27리터를 한시간 끓이고 나서 20리터가 되는 것을 기준으로 했다. 불이 약하거나 더 강하면 증발하는 양이 틀리므로 자신이 가진 장비의 특성을 잘 파악하고 있어야 한다.

맥아즙을 끓이는 도중에 홉을 투입한다. 홉을 투입하는 시간과 양에 따라 맥주의 맛에 영향을 주기 때문에 이 과정을 세심하게 진행해야 한다. 홉을 오래 끓이면 홉이 가진 고유의 향은 많이 날아가버리고 홉의 쓴맛만 남는다. 반면 홉을 끓이는 시간이 줄어들면 들수록 쓴맛은 없고 홉 고유의 향이 더 많이 남는다. 따라서 끓이기 시작했을 때 넣는 홉은 맥주의 쓴맛을 결정하는 것이고, 후반부에 투입하는 홉은 맥주가 가진 홉 향을 결정한다.

레시피마다 다양한 호핑 방법이 있는데, 위 레시피 호핑 스케줄은 다음과 같다. 끓이기 시작하자마자 투여한 홉의 양은 70g이다. 즉 70g의 홉이 60분 동안 끓게 된다. 이 홉은 맥주의 쓴맛을 결정짓는다. IPA의 특성상 쓴맛이 강하므로 상대적으로 많은 양의 홉을 사용했다. 30분이 지난 후 28g의 홉을 투여한다. 이 홉은 30분 동안 끓게 되므로 쓴맛에도 기여하고, 홉 향에도 기여하게 된다.

❶
호핑

15분 경과 후 다시 28g의 홉을 투여한다. 이 홉은 15분간 끓이게 되므로 쓴맛보다는 홉 고유의 향이 더 많이 우러나오게 된다. 불을 끄고 난 직후에 다시 28g의 홉을 투입한다. 플레임 아웃 호핑인데, 홉 향을 최대한 추출한다.

❷
냉각
Chilling

맥아즙을 끓이고 난 후에는 효모가 발효하기 적당한 온도로 맥아즙 온도를 낮춰줘야 한다. 보통 칠러chiller라 불리는 관을 맥아즙에 담그고, 관 속으로 찬물을 순환시켜 맥아즙의 온도를 낮춰준다.

끓이기가 끝난 맥아즙은 최대한 빨리 발효조에 옮겨야 하므로 빨리 냉각을 시켜야 한다. 자칫하다가 공기 중의 해로운 균이 맥아즙에 들어가게 되면 맥주를 망치게 되므로 빨리 냉각시켜 발효조에 넣고 발효를 시작해야 한다.

시간적 여유가 있으면 맥아즙을 용기에 받아서 밀폐하여 공기에 노출되는 것을 차단하고 자연적으로 상온에서 온도가 낮춰지도록 하는 방법도 있다. 호주의 홈브루어들이 애용하는 냉각 방식이다.

⑬
초기비중
original gravity
(OG) 측정

냉각이 끝나면 맥아즙의 비중을 비중계를 사용하여 측정한다. OG는 맥주의 도수를 결정짓는다. 맥아즙의 당도를 의미하는 것으로 OG의 수치가 높을수록 맥주 도수가 높아진다. IPA의 경우 도수가 높은 편이므로 통상 OG가 높다. 위 레시피의 경우 냉각이 끝나고 난 후 OG가 1.070~1.080 정도가 된다.

똑같은 재료와 방법으로 양조를 했어도 장비의 차이와 여러 요인들로 인해 효율성이 다르고 OG에 영향을 미친다. 위 레시피의 경우 OG 1.080이 나와서 높은 도수의 맥주가 되었다. OG가 높다는 것은 맥아즙에 포함된 당 성분이 많다는 것이고, 효모가 분해할 당분이 많으므로 자연적으로 더 많은 알코올이 생성된다. 따라서 OG가 높을수록 알코올 도수가 높아진다.

⑭
효모 투여

냉각이 끝나고 적절한 온도가 되면 맥아즙을 발효조에 옮긴다. 이 과정에서 오염을 막기 위해 모든 도구를 철저히 소독한다. 발효조는 물론이고 맥아즙이 닿는 모든 도구를 소독해야 한다. 맥아즙을 발효조에 옮기고 난 후 준비한 효모를 투여해준다.

효모에는 건조 효모와 액상 효모가 있다. 일반적으로 액상 효모가 맥주의 맛을 더 잘 살려주지만 건조 효모가 보관이 더 쉽기에 널리 사용된다. 효모가 발효하려면 충분한 산소가 필요하므로, 효모 투입 전에 맥아즙을 충분히 저어서 산소가 녹아들도록 해야 한다. 맥아즙을 잘 젓고 효모를 투입하고 발효조의 뚜껑을 닫는다. 발효조의 에어락에 물이나 알코올을 부어주고 설치한다.

⑮
발효

적절한 온도가 유지되는 곳에 발효조를 위치한다. 에일 맥주는 통상 18~22도 정도의 온도에서 발효하므로 이 레시피의 IPA도 20도에서 발효하도록 한다. 홈브루어들은 대부분 발효용 냉장고를 갖추고 적정 온도에서 발효가 진행되도록 한다.

❶⑯
드라이호핑
Dry hopping

발효가 진행되는 도중에 홉을 투입하는 것을 드라이호핑이라 한다. 홉이 가지고 있는 특유의 풍미를 최대한 뽑아내기 위해 드라이호핑을 하는데, 여기에 투입되는 홉이 많을수록 홉 향이 강해진다. 흔히 '호피hoppy하다'고 하는 홉 향이 강한 맥주는 대부분 드라이호핑을 많이 한 맥주다. 위 레시피에서는 드라이호핑을 위해 14g의 홉을 발효조에 투입해 7일 동안 호핑을 했다.

⑰
발효 완료

에일 맥주의 경우 적절한 온도가 유지되면 빨리는 3일 정도에 발효가 완료된다. 통상 일주일 정도 발효를 진행하고, 드라이호핑을 하는 경우 3일 발효 후 홉을 투입하고 적절한 기간 동안 그대로 놔둔다.

위 레시피에서는 발효 시작 3일 후에 드라이호핑을 하고 7일간 호핑을 진행했다. 총 발효 기간은 10일이 되었다. 효모 투입 후 일주일 정도 경과하면 발효가 거의 끝났다고 볼 수 있으나 경우에 따라 다르므로 비중계로 비중을 측정하여 3일 연속 변화가 없으면 발효가 완료된 것으로 본다. 발효가 진행되는 과정에서는 에어락으로 기포가 계속 올라오기 때문에 발효가 진행 중임을 알 수 있다. 기포가 더 이상 올라오지 않고 비중의 변화가 없으면 발효가 완료된 것이다.

⑱
최종 비중
Final gravity

발효가 완료되고 측정한 비중이 최종 비중 즉 FG이다. OG와 FG를 확인하면 맥주의 도수를 알 수 있다. 위 레시피의 FG는 1.018이었다. 도수 측정 공식은 (OG-FG)X131이므로, 위의 경우 (1.080-1.018)X131=8.1 즉 8도가 넘는 맥주가 되었다. 목표로 한 것은 7도 정도의 IPA였으나 예상 외로 높은 수율이 나와서 OG가 예상치 보다 훨씬 높게 나왔다. 이 경우 원하는 도수를 맞추려면 발효 전 맥아즙에 물을 타서 비중을 1.070 언저리로 낮춰주면 된다.

⑲ 2차 발효 / 숙성	발효가 끝난 맥주를 새로운 발효조에 옮겨서 2차 발효를 진행하기도 한다. 발효가 끝나면 발효조 밑에 침전물이 가라앉게 되는데, 발효조를 옮기면서 침전물을 걸러주는 역할도 하고, 2차 발효 온도를 맞춰서 숙성시킨다는 의미가 크다.
⑳ 병입 / 탄산화	모든 발효 과정이 끝나면 맥주를 병에 담고 냉장해 숙성시킨다. 이때 맥주의 탄산을 위해서 병에 소량의 설탕을 첨가해 다시금 효모가 발효를 하도록 하거나 강제로 이산화탄소를 주입해 탄산화를 하게 된다. 통상 1리터에 7g 정도의 설탕을 병에 넣고 20~25도 정도의 온도에서 일주일 정도 탄산화를 진행한다. 효모가 발효하며 탄산을 발생시키므로 맥주 거품을 만드는 탄산이 만들어진다. 맥주를 담는 용기는 따라서 탄산압을 견뎌야 하므로 내압용 페트병을 사용하거나, 내압용 유리 용기를 사용해야 한다. 그렇지 않으면 병이 터져버린다. 설탕을 사용해 병입을 하고 탄산화를 진행하는 경우, 약간의 알코올 도수가 올라가게 된다. 따라서 위의 맥주 도수 산출 공식에 0.3을 더해준다.
㉑ 숙성	탄산화가 끝난 맥주를 냉장고에 저장해 대략 2주 정도 냉장 숙성을 시킨다. 라거링이라고 하는 숙성 과정을 마치고 나면 드디어 맥주 본연의 맛을 즐길 수 있다. 홈브루어들은 냉장 숙성 기간 2주를 기다리지 못하고 일찍 개봉해 마시는 사람들이 많은데, 통상적으로 2주 정도의 냉장 숙성 기간을 거쳐야 맥주가 맛있는 상태가 된다.
㉒ 케깅 / 강탄	페트병이나 유리병에 맥주를 병입하고 탄산화를 시키고 숙성시키는 과정이 시간이 걸리고, 20리터의 맥주를 작은 맥주병에 일일이 담고 세척하는 것은 상당히 번거로운 일이다. 그래서 많은 홈브루어들은 케그Keg라 불리는 통에 맥주를 담고, 케그에 이산화탄소를 주입해

㉒ **케깅 / 강탄**	강제로 탄산화시킨다. 이것을 강탄 'forced carbonation'이라 한다. 생맥주 집에서 사용하는 맥주통이 바로 케그이고 여기에 이산화탄소 통을 연결해서 탄산압을 조절해 탄산화를 시키고 탭을 연결해 직접 맥주를 따라 마시는 것이다. 케그를 사용하면 병입의 번거로움에서 벗어날 수 있고, 탄산화 시간을 절약할 수 있으나 장비를 갖추어야 하므로 양조 초보가 하기에는 어렵고 어느 정도 이력이 쌓인 후에 하는 것이 좋다.
㉓ **세척**	양조가 끝나면 양조 장비를 철저하게 세척하고 소독해야 한다. 병입을 할 때도 병을 세척하고 소독해야 하며, 가급적 맥주가 공기에 노출되지 않도록 세심한 주의를 기울여야 한다. 발효가 진행되는 동안에는 효모가 산소를 필요로 하고, 발효하면서 알코올이 생성되므로 자연적으로 소독이 되기에 오염될 가능성이 그리 높지는 않다. 그러나 발효가 끝난 후에는 공기 중의 여러 균이나 이물질이 맥주에 영향을 미쳐서 변질될 수 있으므로 각별히 소독에 주의를 기울여야 한다. 맥주병을 깨끗이 소독하는 것은 필수적이고 매우 중요하다.

01 몰트　　02 당화조　　04 칠러　　03 발효조

수제 맥주 바이블

완전 곡물 양조 재료

몰트Malt

몰트는 맥주의 스타일과 풍미, 색 등을 결정짓는다. 몰트의 종류는 크게 두 가지로 나눠볼 수 있는데, 당화를 통해 당을 추출해 맥주의 기본이 되는 베이스 몰트와, 맥주의 색이나 맛에 영향을 미치는 특수 몰트로 구분할 수 있다.

몰트는 보리의 싹을 틔우고 볶아서 만드는데, 국내에서 직접 보리를 볶아서 몰트를 만들수도 있지만 대부분 수입 몰트를 사용한다. 국내에서 보리를 직접 볶아 몰트를 만드는 것은 효율이 떨어지고 경제성도 떨어진다. 따라서 상업 양조장에서도 수입 몰트를 사용한다.

몰트를 만드는 보리의 종류에는 품종에 따라 차이가 있다. 통상 두줄보리와 여섯줄보리를 사용하는데, 일반적으로 에일 맥주에는 두줄보리를, 라거 맥주에는 여섯줄보리를 사용한다는 것이 기본이나, 홈브루어들은

몰트를 만드는 보리

정해진 양식을 따르기보다는 다양한 몰트를 배합해서 개성있는 맥주를 만들어내는 경우가 많다. 색이 진한 맥주에는 색이 진한 몰트를, 밝은색 맥주는 색이 엷은 몰트를 사용한다.

통상 맥주의 종류에 따라 적당한 몰트를 베이스 몰트로 사용하고, 원하는 색이나 맛을 내기 위해 특수 몰트를 섞어서 사용한다. 예를 들어 맥주에 갈색을 더하려면 크리스탈 몰트를 적당량 섞어서 양조를 진행하며, 포터나 스타우트 같이 진한 색의 맥주에는 초콜릿 몰트가 첨가된다.

몰트 제조사에 따라 몰트의 명칭에 약간의 차이가 있지만 베이스 몰트로 필스너 몰트, 페일 에일 몰트를 사용하고, 크리스탈 몰트, 캐러멜 몰트, 카라필스 몰트 등, 색과 아로마를 위해 사용하는 몰트를 적절히 배합해 양조를 한다.

여러 스타일의 맥주에 따라 몰트의 배합이 달라지므로, 원하는 맥주 종류의 레시피를 참고해 자신만의 조합을 개발하면 개성 강하고 세상에 하나밖에 없는 유일한 맥주를 만들 수 있다. 맥주 재료 판매점에서 자신들이 개발한 레시피로 몰트의 비율을 섞어서 키트로 판매하는 것도 있으며, 완전 곡물 양조를 시작할 때는 이렇게 개발되어 판매되는 키트를 이용해 경험을 쌓으며 자신만의 레시피를 발전시켜 나갈 수도 있다.

홉Hop

맥주의 쓴맛과 향을 결정짓는 것은 바로 홉이다. 쌉쌀한 맥주 특유의 맛이 홉에 의해 결정되므로 맥주의 재료 중 가장 중요한 재료 중 하나가 홉이다. 홉은 줄기 식물로 맥주에 사용되는 것은 솔방울을 닮은 초록색 꽃이다. 꽃 속의 루프린Lupurin이라는 노란색 알갱이가 맥주에 쓴맛과 향을 주는 재료가 된다. 홉은 방부 효과가 있으며, 식욕을 증진시키고 소화를 도우며 최면 효과도 있다고 한다. 맥주 애호가들 중 홉 향을 좋아하는 사람들을 홉헤드Hophead라 부르는데, 이들의 취향을 위해 더욱 많은 홉을 사용해 향을 높인 맥주를 흔히 '호피Hoppy하다'고 한다. 다양한 종류의 홉이 있고 원하는 맛을 제대로 내기 위해서는 적절한 홉을 잘 배합해 사용하는 것이 필수적이다.

홈브루잉에서 사용하는 홉은 통상 펠렛 형태로 압축되어 나오는 홉을 사용한다. 직접 홉을 재배해 사용하는 홈브루어도 있는데, 이 경우에는 수확한 홉을 건조 후 통째로 맥아즙에 넣고 끓이게 된다. 신선한 재료를 사용하기에 더 좋은 향을 기대할 수 있으나, 양조할 때마다 언제나 똑같은 효과를 낼 수 있도록 통제하기가 쉽지 않으므로, 일반적인 홈브루잉에서는 펠렛 형태의 홉을 많이 사용한다. 상업 양조장에서도 통제가 용이한 펠렛 형태의 홉을 많이 사용한다.

홉은 많은 종류가 지속적으로 개발되고 있기에 모든 홉을 완벽하게 분류하고 특성을 파악하는데 시간과 비용이 많이 소모된다. 가장 유명하고 보편적인 홉은 체코 필스너에 주로 사용하는 사츠Saaz, 영국 에일 맥주에 많이 들어가는 이스트 켄트 골딩스East Kent Goldings, 그리고 독일 맥주에 많이 사용되는 할러타우Hallertau 홉이다. 미국 크래프트 비어 열풍의 주역인 캐스케이드Cascade 홉도 빼놓을 수 없는 홉이다.

홉의 포장에 보면 AA라 불리는 수치가 써 있는데, 이 수치는 알파 액시드Alpha Acid의 약자로 홉의 산도를 나타낸다. 수치가 높을 수록 쓴맛이 강하다. 맥주의 쓴맛을 결정짓는데 중요한 수치이므로 홉의 종류를 결정할때 필히 체크하고 선택해야 한다. 같은 홉이라도 생산 환경에 따라 AA 수치가 틀려질 수 있으므로 잘 살펴봐야 한다.

홈브루어들이 쉽게 구해서 사용할 수 있는 보편적인 홉의 종류와 특성을 정리하면 다음과 같다. 아래 홉들은 대부분 국내에서 구할 수 있지만, 한국에서 구매가 어려운 홉은 해외에서 직구를 통해 구매할 수 있다. 대량의 홉을 직구하면 비용 면에서 저렴해지므로 맥주를 자주 많이 양조한다면 해외 직구가 경제적이다. 대신 보관에 신경을 써야 한다.

국내 홉 농장도 증가 추세에 있으므로 국내 홉도 보편화될 것이라 기대된다.

홉의 종류와 특성

갤럭시 Galaxy	AA 11.6~16. 열대과일 향을 가지고 있으며 비터링과 아로마 모두 사용한다. 페일 에일과 IPA에 주로 사용한다.
너겟 Nugget	AA 12~14. 허브 향이 강한 홉이다. 비터링과 아로마에 모두 사용된다. IPA 스타우트 등의 맥주에 적합하다.
노던 브루어 Northern Brewer	AA 8~10. 부드럽고 깔끔하며 중립적인 향을 가진 홉이다. 비터링과 아로마에 모두 사용된다.
넬슨 소빈 Nelson Sauvin	AA 12~13. 뉴질랜드에서 만든 훌륭한 홉이다. 비터링과 아로마 모두 사용된다. 특유의 화이트와인 향이 인기있으며 많은 유명 양조장에서 사용하는 홉이다.
모자이크 Mosaic	AA 11.5~13.5. 열대과일, 딸기류, 시트러스 향과 솔향기가 복합적으로 어우러지는 향을 가진 홉이다. 미국식 페일 에일과 IPA에 많이 사용된다.

매그넘 Magnum	AA 12~14. 미국 홉으로 향은 많지 않고 비터링에 주로 많이 사용된다. 페일 에일, IPA에 적합하다.
브라보Bravo	비터링 용도에 적합한 홉으로 AA 14~17 정도다. 페일 에일이나 IPA에 적합한 홉으로 아로마용으로도 사용하지만 비터링에 더 적합하다.
사츠 Saaz	AA 3~4.5. 체코의 홉으로 필스너에 사용되는 대표적 홉이다. 유명한 필스너 우르켈에 사용되고 있으며, 다른 여러 종류의 맥주에도 널리 사용되는 가장 유명한 홉 중 하나다. 비터링과 아로마 모두 사용되며 섬세한 쓴맛을 만들어내고 적절한 아로마로 인해 전 세계 여러 유명 양조장에서 사용하는 홉이다.
소라치 에이스 Sorachi Ace	AA 10~16. 일본 원산의 홉이다. 비터링과 아로마 모두 사용한다. 시트러스, 레몬, 허브 등의 향기가 복잡하게 풍기는 홉으로 매우 개성이 강한 홉이다. IPA, 페일 에일, 벨지안 세종 에일 등에 적합하다.
시트라Citra	AA 11~13. 강한 시트러스 향과 열대 과일 향이 도는 홉이다. 플레이버와 아로마를 위해 주로 사용한다. 페일 에일과 IPA에 많이 사용한다.
센테니얼 Centennial	9.5~11.5 꽃과 과일 향이 풍부한 홉이다. 비터링과 아로마 모두 사용할 수 있다. 균형이 잘 잡힌 홉으로 캐스케이드와 더불어 많은 홈브루어들이 선호하는 홉이다.
슬로베니안 스타리안 골딩 Slovenian Styrian Golding	AA 1.3~6: 퍼글 홉에 기반한 홉으로 흙냄새와 꽃향기가 특징이다. 슬로베니아가 원산지이지만 영국 스타일 맥주에 잘 어울린다.

심코 Simcoe	AA 12~14. 미국 홉으로 비터링과 아로마 모두 사용한다. 솔 향, 나무 향, 열대 과일 향이 잘 어우러진 홉이다.
아마릴로 Amarillo	감귤과 그레이프푸르트, 레몬, 그리고 꽃향기를 가진 미국산 홉이다. AA 8~11 정도고 페일 에일 맥주나 IPA에 많이 사용된다. 비터링보다는 아로마 용도에 적합하다.
이스트켄트 골딩스 East Kent Goldings	AA 4~6. 대표적인 영국산 홉이다. 부드럽고 정제된 향을 가지고 있으며 꽃향기가 살짝 난다. 영국 에일 맥주에 많이 들어가는 홉이다.
에쿠아낫 Ekuanot	AA 13~15. 모든 종류의 맥주에 적합한 홉이다. 열대과일 향이 나며, 멜론, 베리, 파파야 등의 과일 향의 특성을 복합적으로 가지고 있다. 비터링과 아로마에 모두 적합하다.
엘도라도 El Dorado	AA 14~16. 산도가 높은 홉이다. 배와 수박, 그리고 열대과일 향을 가지고 있다. 플레이버와 아로마에 사용되지만 비터링에도 사용된다. 높은 산도에 비해 쓴맛을 강하게 내지는 않는 홉이다.
윌라멧 Willamet	AA 4~6. 과일, 허브, 꽃 향이 복합적인 홉이다. 부드러운 향이 나며 퍼글과 비슷한 특징을 가지고 있다. 영국의 퍼글을 미국에서 개량한 재배종으로 영국 스타일 맥주에 적합하며 미국식 에일에도 사용된다.
치누크 Chinook	AA 12~14 정도의 아로마와 비터링 모두 사용하는 홉이다. 솔 향과 과일 향이 나는 홉으로 캐스케이드와 더불어 미국산 홉으로 인기있다. 라거부터 에일까지 모든 종류의 맥주에 사용할 수 있는 홉이다.
콜럼버스 Columbus	AA 14~15. 시트러스하고 후추 향도 나는 홉으로 비터링에 많이 사용된다. 페일 에일과 IPA에 적합한 홉이다.

캐스케이드 Cascade	AA 4.5~7 정도의 미국 홉이다. 꽃향기와 그레이프프룻의 과일 향이 나며 시트러스한 향도 있는 홉이다. 미국 에일 맥주에 많이 사용되며 홈브루어들이 애용하는 홉 중 하나다. 아로마와 비터링 모두에 사용할 수 있으며 상업 맥주에서도 많이 사용하는 인기있는 홉이다.
퍼글 Fuggle	AA 3.5~6.5. 비교적 약한 산도를 가지고 있다. 대표적인 영국 홉이다. 부드럽고 편안하며, 흙과 나무 향을 가지고 있다. 모든 영국식 맥주에 적합한 홉이며, 람빅 맥주에도 사용한다.
펄 Perle	AA 7~9. 독일 홉으로 진하지 않은 향기가 기분 좋은 홉이다. 페일 에일과 포터 라거 등 여러 종류의 맥주에 사용된다.
할러타우 Hallertauer	AA 4~7. 대표적인 독일 홉이다. 독일 맥주 스타일인 라거와 복, 밀맥주 등에 폭넓게 사용되는 홉이다. 흙과 풀냄새를 가지고 있다. 아로마 용으로 주로 사용된다.

효모

상면발효 효모와 하면발효 효모에 관해서는 이미 충분히 설명했다. 에일 맥주는 상면발효 효모를 사용하고 라거 맥주는 하면발효 효모를 사용하는 것은 기본적인 양조 상식이다. 같은 종류의 효모라도 맥주 스타일마다 사용하는 효모 종류

수제 맥주 바이블

는 매우 다양하다. 효모의 작용에 따라서 맥주의 맛이 크게 좌우되므로 스타일에 맞는 효모를 사용하는 것이 중요하다. 따라서 각 효모의 특성을 알고 있어야 적절한 효모를 선택해 양조할 수 있다.

드라이 효모와 액상 효모

맥주 양조용으로 판매되는 효모에는 두 가지 종류가 있다. 말린 형태로 나오는 드라이 효모와 액체 형태로 판매되는 액상 효모다. 드라이 효모는 관리하기 편하고 상대적으로 변질 가능성이 낮아서 홈브루어들이 많이 사용한다. 드라이 효모의 효율을 높이기 위해 미지근한 물에 미리 효모를 풀어서 활성화시킨 후에 효모를 투입하면 효율을 더 높일 수 있다.

액상 효모는 액체 형태로 포장되어 판매된다. 건조된 형태로 유통되는 드라이 효모에 비해 아무래도 보관이 어렵다. 그러나 효모의 발효 효율이나 발효의 질에서 액상 효모가 더 효과적이다. 국내에 유통되는 액상 효모의 종류는 아무래도 제한적이어서, 홈브루어들 중에는 해외에서 효모를 직구하는 경우도 있고, 직접 효모를 배양해서 사용하는 경우도 있다.

효모 종류

국내 수입되는 효모 제조사는 Mangrove Jack's, Safale, White Lab 등이 있다. 양조하고자 하는 맥주에 적합한 효모를 선택해 양조를 하게 된다. 맥주 스타일에 따라서 효모 종류를 정하게 되는데, 정해진 레시피에서 벗어나서 효모를 선택해 개성있는 맥주를 만들 수도 있다. 몇 가지 대표적인 효모 종류를 살펴보면 다음과 같다.

U.S. West Coast Yeast	미국식 페일 에일이나 IPA 양조에 많이 사용된다. 일반적인 미국식 에일 맥주에 보편적으로 사용되며 깨끗한 맛과 더불어 홉의 특성을 잘 살려주는 효모다.
Bavarian Wheat Yeast	독일 밀맥주에 적합한 효모다. 바나나 향을 살려주고 풍부한 바디감을 살려주는 효모다.
Belgian Wit Yeast	벨기에 스타일 밀맥주와 에일 맥주 그리고 특별한 종류의 맥주를 만들기에 적합한 효모다. 과일 맛의 에스테르를 만들어낸다. 약간의 단맛을 남긴다.
Belgian Ale Yeast	벨기에 에일 맥주용 효모다. 도수가 높은 벨기에 에일 맥주 양조에 적합하다. 더 높은 트리펠용 효모는 따로 있다. 도수가 높은 맥주를 양조할 때는 높은 알코올 도수를 견딜 수 있는 효모가 필요하므로 적절한 효모를 잘 선택해야 한다.
Bohemian Lager Yeast	보헤미안 라거 맥주용 효모다. 체코식 필스너 맥주에 적합하고, 드라이하고 깔끔한 맛의 라거 맥주를 양조할 때 사용한다. 독일식 라거 맥주 양조용 효모는 Bavarian Lager Yeast가 있다.

레시피에 따라 정확하게 양조를 하기 위해서는 각 제조사별로 이름은 다르지만 같은 종류의 효모가 무엇인지 정확하게 파악하고 사용해야 한다. 모든 제조사 효모를 국내에서 구할 수 있다면 별 문제가 없겠으나, 국내에 없는 효모를 사용하는 레시피로 양조하는 경우에는 유념해야 할 부분이다. 대부분 레시피와 판매 사이트에서는 호환성이 있는 효모 종류를 설명하고 있으니 참조해 양조하면 된다.

발효가 끝나고 효모를 회수해 배양하고 재사용할 수도 있는데, 일반적으로 효모를 재사용하게 되면 불순물로 인해 맥주 맛에 영향을 미치게 되는 경우가 많으므로 신중하게 사용해야 한다. 효모를 배양하는 것은 전문적 지식이 없어도 크게 어려운 것은 아니고, 직접 효모를 배양하는 홈브루어도 꽤 많으니 한번쯤 도전해보는 것도 재미있는 일이다. 국내에서 효모를 직접 개발해서 사용하는 홈브루어도 있고, 동호회를 통해 효모를 분양도 하고 있으니, 정말 개성있는 맥주를 만들고 싶다면 시도해 볼 만하다.

물

맥주의 재료 중 가장 많은 비중을 차지하는 것이 물이다. 거의 95%가 물이다. 따라서 맥주 양조에 있어서 물이 가장 중요한 재료라는 것은 말할 필요도 없다. 맥주 스타일에 따라 차이가 있긴 하지만 맛있는 맥주는 우선 깨끗한 물, 칼슘과 마그네슘이 적절히 균형을 갖춘 물로 만들어야 한다. 물의 질이 중요하기 때문에 맥주 양조장들은 대부분 물이 좋은 곳에 몰려있다. 독일에서도 뮌헨에 맥주 양조장이 몰려있는 것은 이곳의 물이 좋기 때문이다. 체코의 플젠에서 만든 필스너가 세계를 제패한 것도 플젠 지방의 물이 좋은 맥주를 만드는데 적합했기 때문이다. 필스너의 특징인 황금색으로 맑은 맥주는 플젠 지방의 물이 연수이기 때문에 가능했는데, 연수는 맥주의 색을 엷게 만들고 깔끔한 맛이 되도록 하는 작용을 한다.

반면에 영국의 버튼온트렌트에는 페일 에일 맥주 양조장이 몰려있다. 한때 200여 개가 넘는 양조장이 이곳에 있었는데, 이 고장의 물은 황산칼슘을 많이 함유한 경수이기 때문에 페일 에일의 맛을 내는데 적합하기 때문이다. 황산칼슘은 맥주 색을 진하게 하고 맛을 풍부하게 만든다. 영국의 페일 에일과 IPA는 버튼온트렌트의 물로 만들었을 때 가장 맛있기에 이곳 양조장이 인기를 얻었다.

미국 맥주 양조장이 위스콘신 주 밀워키에 몰려있고, 우리나라 맥주 공장이 영등포에 위치해 있었던 것도 물과 관련이 있다. 과거 맥주 양조에는 물의 성분을 통제할 수 없었기에 양조장의 위치가 그만큼 중요했고, 특정한 위치에 양조장이 몰려있을 수밖에 없었다.

그러나 현대에는 물의 성분을 인위적으로 조절할 수 있기에 더 이상 양조장의 위치가 문제가 되지 않는다. 홈브루어들도 수돗물이나 정수한 물을 사용하면서 물의 ph를 측정하고, 여러 첨가물을 통해 원하는 물의 성분을 조절해 맥주를 양조한다. 물 ph 성분을 측정하는 계측기는 시중에서 쉽게 구할 수 있으며, 간단하게 리트머스 시험지를 사용하기도 한다. 물의 성분 조절을 위한 첨가제도 종류별로 다양하게 판매되고 있고 세심하게 신경을 쓰는 홈브루어는 물의 성분을 정확하게 맞추어 양조하려 노력한다.

유명 수제 맥주 레시피

인터넷을 검색해보면 공개된 수제 맥주 레시피가 무궁무진하다. 영국의 유명 크래프트 브루어리인 브루독Brewdog 양조장에서는 아예 자신들이 양조하는 맥주의 레시피를 인터넷 홈페이지에 공개하고 있다. 브루독뿐 아니라 많은 크래프트 비어 양조장에서 자신의 레시피를 공개하고 있고, 인터넷의 다양한 맥주 사이트에는 유명 상업 맥주의 클론 레시피가 종류별로 나와있다. 홈브루어들은 대부분 처음에 양조할 때 상업 맥주 중에서 자신의 취향인 맥주의 레시피를 구해 양조를 시작하고, 점차 다양한 레시피를 통해 여러 종류의 맥주를 양조해보며 경험을 쌓게 된다. 양조 경험이 풍부해지면서 차츰 자신만의 개성을 살린 맥주 레시피를 개발하게 되고, 자신의 입맛에 가장 맛있는 맥주를 양조해 즐기게 된다.

참조할 만한 맥주 양조 레시피 관련 사이트는 다음과 같다.

https://www.brewersfriend.com/
http://beersmith.com/
https://www.brewdog.com/

홈브루잉의 장점과 단점

신경쓸 일 많고, 번거롭기도 하고 시간도 많이 걸리는 작업이지만, 집에서 맥주를 직접 양조해서 마시는 것은 맥주를 좋아한다면 반드시 경험해볼 만한 가치가 있다. 오랜 숙성이 필요한 와인 등의 술과 달리 맥주는 길지 않은 숙성 기간이 끝나면 바로 마시는 것이 가장 맛있다. 효모가 살아있는 생맥주는 오래 보존이 불가능하기에 더욱 양조가 끝나자마자 마셔야 한다. 이때 마시는 것이 가장 맛있다. 흔히 맥주를 가장 맛있게 마시려면 양조장에 가서 마시라고 하는데, 효모가 살아있는 신선한 상태의 맥주가 가장 맛있기 때문이다.

시중에 유통되는 맥주는 대부분 여과와 살균을 거쳐서 효모를 제거하고 맥주에 남아있는 잔여물을 제거해 유통하기에 맥주 본연의 맛을 온전히 즐기기 어렵다. 집에서 양조를 한다는 것은 효모와 더불어 맥주에 포함된 다른 모든 영양소가 죽지 않고 살아있는, 제대로 된 생맥주를 즐길 수 있다는 것을 의미한다. 양조장에서 가장 가까운 맥주가 바로 집에서 직접 만든 맥주이다. 따라서 가장 맛있는 맥주일 수밖에 없다. 더구나 내가 정성을 기울여 직접 만든 맥주고, 나만의 레시피로 만든 세상에 둘도 없는 맥주다. 맥주 맛도 맛이지만 이 과정 자체가 큰 의미를 갖는다.

홈브루잉을 시작하면 아무래도 대량생산되어 유통되는 시중의 맥주는 자주 마시지 않게 된다. 맛이 없기 때문이기도 하고, 내가 직접 만든 맥주에 애정이 더 가기 때문이기도 하다. 실패하지만 않는다면 대부분 직접 양조한 맥주가 더 맛있다. 효모와 각종 영양소가 살아있기 때문이고, 무엇보다 신선하기 때문이다. 고대 이집트와 중세 유럽에서 맥주가 노동자들에게 임금으로 지급된 이유가, 맛도 맛이지만 알코올 성분이 해로운 균을 죽여서 더 위생적인 수분을 보충해 주고 노동에 필요한 영양분을 충분히 공급해주었기 때문이다. 따라서 집에서 양조한 맥주는 건강에도 좋다.

맥주를 직접 양조하는 과정은 크게 어려울 것은 없고 비교적 간단한 장비만 갖추면 누구나 양조가 가능하다. 다만 직접 만드는 과정에서 여러 변수가 생길 수 있고, 실패할 확률도 꽤 있는 편이다. 몰트를 당화하고 끓이고, 홉을 투입하는 과정은 하루를 꼬박 잡아먹는 과정이기 때문에 시간적 여유와 열정이 필요하다. 실패할 확률을 감안하더라도 홈브루잉은 매우 큰 만족감을 주는 작업이다.

홈브루어들이 늘어나면서 개인이 집에서 양조하기 편리하도록 올인원 장비를 생산해 공급하는 업체들이 늘고 있다. 저렴한 가격의 올인원 장비도 많이 나와있으므로 홈브루잉이 매우 편리해졌다. 이 장비는 당화조, 끓임조를 따로 장만

할 필요없이 장비 하나에서 당화와 끓임 모두 해결이 되므로 매우 편리하고 장소도 차지하지 않는다. 해외에서 직접 구매하거나 국내에서 생산되는 제품을 구매하면 되는데, 장비에 따라 가격은 천차만별이다. 대략 50만 원에서 200만 원 사이를 예상하면 된다. 기본적인 원리는 거의 동일하지만 제품의 완성도와 제조국에 따라 가격 차이가 크다.

양조에 필요한 장비 자체가 대단한 장비가 아니기 때문에 약간의 관심과 도구만 있으면 집에서 직접 장비를 만들어 양조할 수도 있다. 많은 홈브루어들이 직접 장비를 만들어 양조를 하고 있다. 또한 맥주 양조를 위한 공방도 많이 생겨나고 있어서, 따로 장비를 갖추지 않아도 공방을 이용해 맥주를 만들 수 있다. 공방에는 양조 장비와 발효를 위한 온도 조절이 되는 발효실을 다 갖추어 놓고 있으므로 편리하게 양조를 할 수 있다.

양조에 자신이 붙고, 주위 사람들에게 맥주가 맛있다는 칭찬을 듣게 되고, 내가 만든 맥주를 마시러 오는 친구들이 늘어나면 차츰 장비에 대한 욕심이 생기게 마련이다. 양조 장비를 웬만큼 갖추고 난 후에는 편하게 맥주를 따라 마실 수 있는 케그레이터Kegerater를 하나 장만하면 좋다. 탭에서 직접 맥주를 따라 마시는 기분은 또 다르다. 내가 만든 맥주를 마시러 온 사람들도 직접 탭에서 맥주를 따라 주면 훨씬 더 신선한 맥주인 것 같은 기분이 들어 더욱 맛있게 맥주를 마실 것이다.

맛있는 맥주를 좋은 사람들과 함께 같이 즐기며 마시는 것, 그것 또한 홈브루잉의 묘미고 매력이다. 시중에서 꽤 비싼 수제 맥주를 탭에서 직접 따라서 무제한 마실 수 있다는 사실에 사람들은 모두 행복해 할 것이고, 신선하고 맛있는 맥주는 모두를 즐겁게 만들어준다. 한 번 홈브루잉의 세계에 발을 들인 사람들이 홈브루잉을 포기하지 못하고 빠져드는 이유다.

우리나라 수제 맥주 양조장과 펍

수제 맥주 양조에 관한 규제가 완화되면서 중소 규모 맥주 양조장이 많이 생기고, 수제 맥주 전문 펍도 많이 생겨나고 펍 크롤링 문화도 생겨났다. 현재 한국에는 100여 개를 웃도는 맥주 양조장에서 다양한 맥주를 생산하고 있다. 시장 상황과 관련법의 변화에 따라 양조장 숫자는 계속 변했고,

앞으로도 변화가 계속될 것이다. 많은 양조장이 지속적으로 생겨나고 사라지고 있기에 소규모 맥주 양조장에 관련된 정확한 정보를 파악하고 최신 정보를 수록하기란 불가능하다. 비록 제한적이지만 수제 맥주 양조장과 펍을 간략하게 소개한다.°

- 가장 상업적으로 성공한 크래프트 비어 양조장은 세븐브로이다. 세븐브로이의 맥주는 마트나 편의점에서 손쉽게 구해 마실 수 있고 다양한 정보도 많기에 여기에서 소개는 생략한다.

서울의 크래프트 비어 펍은 이기중 저자의 책 《펍 크롤(즐거운상상)》에 자세하게 소개되어 있다. 저자가 직접 찾아가서 확인하고 펍 주인의 인터뷰도 곁들여 정리되어 있다. 서울 소재 크래프트 비어 펍의 평가를 보다 더 자세히 알고 싶다면 일독을 권한다.

카브루Ka Brew

2000년에 설립된 한국의 제1세대 크래프트 브루어리다. 맥주 양조장 허가 요건이 완화되어 소규모 양조장 설립이 가능해진 이후, 한국에서 설립된 최초의 마이크로 브루어리 중 규모로 볼 때 가장 선두를 달리고 있는 양조장이다. 많은 펍과 호텔 레스토랑 등에 크래프트 비어를 공급하고 있다.

2015년에 진주햄이 인수해 현재 적극적으로 시장 확대를 꾀하고 있다. 전 세계적으로도 소규모 크래프트 비어 양조장을 대기업이 인수해 경영하고 있는 추세인데, 한국에서도 이런 현상이 나타나고 있고 카브루가 대표격이다. 카브루는 진주햄에서 인수한 이후 독자 브랜드를 앞세워 마케팅을 확대하고 있다. 양조장이 경기도 가평에 위치하고 있는 만큼, 가평의 쌀을 사용한 쌀맥주도 출시해 홍보와 마케팅에 힘쓰고 있다. 진주햄 인수 이후 공격적인 마케팅으로 영역을 확장해 나가고 있다.

한국 수제 맥주 양조장들 중에서는 가장 오랜 역사가 있는 만큼, 맥주 품질이 균일하고 맛도 훌륭하다. 다양한 종류의 맥주를 생산하고 있고, 일반 마트나 편의점에서도 찾아볼 수 있다. 다만 순수한 의미의 마이크로 브루어리에서 시작한 크래프트 비어의 개념이 대규모 자본이 인수한 이후 어떻게 발전해 나갈지는 지켜볼 일이다. 외국의 경우 대자본이 크래프트 브루어리를 인수한 이후에도 독특한 개성을 유지할 수 있도록 독립성을 보전하는 경영을 하는 경우 계속 발전하고 있는 경우를 찾아볼 수 있다. 카브루의 경우 진주햄이 인수한 후 진주햄의 대표이사가 카브루의 대표이사를 겸하고 있기에 향후 다양한 변화가 있을 수 있다.

플레이그라운드

2015년에 설립된 양조장이다. 경기도 일산에 위치해 있으며, 일산과 인천 송도에 탭하우스가 있다. 인기 TV 프로그램인 〈수요미식회〉에서 최고의 IPA 맥주로 평가받은 양조장이다. 방송 프로그램을 통해 플레이그라운드의 IPA 맥주가 호평을 받으며 더욱 유명해졌지만, 맥주 애호가들 사이에서는 이미 그전부터 입소문으로 유명한 양조장이었다.

플레이그라운드의 맥주는 라벨에 한국의 탈을 사용했기에 토종 맥주의 냄새가 물씬 풍긴다. 예컨대 몽크 아메리칸 IPA 라벨에는 중탈이 사용됐고, 젠틀맨 라거 라벨에는 양반탈이 새겨져 있다. 미스트레스 세종 라벨에는 각시탈이 있는 식이다. 9종류의 맥주를 생산하고 있는데, 각자 개성있는 맥주다. 크래프트 비어의 순수한 정신과 개성있는 맛을 잘 구현하고 있는 양조장이다.

플레이그라운드의 맥주를 마실 수 있는 곳은 일산과 인천 송도의 탭하우스 두 곳뿐이다. 양조장에서 생산된 맥주를 생맥주로 바로 마실 수 있는 것이 수제 맥주를 가장 잘 즐길 수 있는 방법이다. 그런 의미에서 플레이그라운드가 두 곳의 탭하우스만을 운영한다는 사실은 가장 신선한 맥주를 공급한다는 크래프트 비어의 정신을 제대로 구현하고 있다는 반

증이기도 하다. 물론 단점은 매우 제한적인 장소에서만 즐길 수 있다는 것이지만, 개인적으로는 이런 철학을 계속 유지했으면 한다. 상업적 성공과 무관하게 고집스런 철학을 까탈스럽게 끝까지 유지하는 브루어리가 오랜 세월 지속되어 해외에서도 찾아오는 맥주 명소가 한국에도 필요하고 플레이그라운드가 그런 명소가 되기를 희망한다.

맥파이 브루잉 컴퍼니

2011년 한국에 거주하는 4명의 외국인 맥주 애호가들이 의기투합해 이태원에서 설립한 양조장이다. 한국 수제 맥주 시장의 활성화가 맥파이에서 시작했다고 해도 과언이 아니다. 이들은 2012년 이태원 경리단길에 펍을 오픈해 페일 에일을 판매하기 시작했다. 곧이어 포터를 생산하기 시작했고 한국에 크래프트 비어 붐을 일으키는데 일조했다.

카브루와 더불어 한국의 1세대 크래프트 비어 양조장이라고 할 수 있고, 2016년에는 제주도에 맥파이 제주 브루어리를 오픈했다. 빈 감귤 창고를 개조해 양조장 겸 탭하우스로 오픈한 이곳은 제주의 명소로 자리 잡았다. 현재 제주도에는 다양한 크래프트 비어 양조장이 여럿 자리 잡고 있고, 맥주를 마시기 위해 제주도를 찾는 사람도 증가하고 있다. 맥파이 제주는 제주도가 크래프트 비어의 성지가 되는데도 일조했다.

맥파이는 전통적인 의미의 소규모 수제 맥주, 즉 크래프트 비어의 정의에 가장 부합하는 양조장 중 하나다. 맥주를 좋아하는 친구들이 의기투합해 직접 맥주를 만들기 시작했고, 맥주 맛에 충실한 기본을 잘 지키고 있는 양조장이다. 맥주가 지역 사회 활성화와 관광에 기여하는 살아있는 증거를 맥파이가 보여주고 있다.

칼리가리 브루잉

칼리가리 브루잉은 2016년 인천 송도에 '칼리가리 박사의 밀실'이라는 펍을 오픈하고 위탁 양조를 통해 수제 맥주 판매를 시작했다. 처음 시작은 '닥터 필굿 페일 에일'이라는 맥주 한 종류로 시작했고, 2017년까지 여러 양조장에 위탁 양조를 통해 맥주를 공급받았다. 맥주의 라인업이 늘어나고 운영하는 펍 수가 늘어나면서 자체 양조장을 갖추기로 하고, 2018년 인천 차이나타운 인근의 일제강점기 시절 건축된 창고를 개조해 크래프트 비어 양조장을 설립하고 자체적으로 맥주를 양조하고 있다.

칼리가리 브루잉은 펍을 먼저 오픈하고 양조장을 추후에 설립한 경우로, 고객들의 취향을 빠르게 반영해 맥주를 양조하고 있다. 따라서 칼리가리 브루잉의 맥주는 너무 강하거나 특이한 맥주보다는 일반 맥주 애호가들이 편안하게 마실 수 있는 맥주의 특성을 가지고 있다. 하지만 계절별로 매우 주관적 맥주를 양조하기도 하고, 지속적으로 레시피를 개발해 라인업을 늘려나가고 있다.

과거 일제강점기 시절 일본인들 거주 지역이었던 신포동에 위치한 칼리가리 브루잉의 양조장 겸 펍은 100년이 넘는 세월의 흔적을 간직한 근대 건축물에서 풍기는 독특한 분위

칼리가리 브루잉의 로고 이미지

기와 양조장 설비가 훤히 보이게끔 유리로 처리한 구조로
시각적 효과를 극대화하고 있다. 맥주의 맛은 분위기와 잘
어우러질 때 더욱 맛있게 느껴지는 법이다. 양조장 펍의 특
성을 잘 살리고 소비자 기호를 맞춰나가고 있는 양조장으로,
비록 역사는 짧지만 계속 새로운 시도로 발전해나가고 있으
며, 구도심 활성화라는 시대적 흐름에도 부합하고 있는 양조
장이다. 더구나 과거 술창고였던 건물이 크래프트 비어 양조
장으로 재탄생한 만큼, 역사적 의미도 찾을 수 있는 의미있
는 양조장 펍이다.

생활맥주

수제 맥주가 인기를 얻으며 우후죽순으로 생겨난 크래프트 비어 양조장에서 다양한 맥주를 만들어내고 있다 보니, 많은 맥주 중에서 어떤 맥주를 마셔야 할지, 어느 양조장의 맥주가 나의 취향인지, 그리고 그 양조장의 맥주를 판매하는 펍은 어디인지, 헷갈리는 경우가 많다. 그렇다고 모든 펍을 다 돌아다니며 맥주를 마셔볼 수도 없는 일이다. 이런 불편은 최근 들어 수제 맥주 프랜차이즈가 생겨나면서 어느 정도 해결될 전망이다.

수제 맥주 프랜차이즈를 표방하는 '생활맥주'는 국내의 다양한 맥주 양조장 중 선별된 양조장들로부터 공급받는 맥주를 선보이며 맥주 애호가들의 요구에 부응하고 있다. 작지만 개성있는 전국 곳곳의 양조장으로부터 맥주를 제공받아 가맹점에 공급하고 있는데, 검증된 다양한 종류의 맥주를 한곳에서 마실 수 있기에 맥주 애호가들에게는 반가운 일이다.

2014년 설립되고 단기간에 전국에 200여개 가맹점을 확보해 운영하고 있기에 접근성이 뛰어나다는 것은 큰 장점이다. 다양한 수제 맥주를 맛보기 위해 여기저기 펍을 전전해야 하는 수고를 줄일 수 있으니 이런 형태의 수제 맥주 프랜차이즈가 증가하고 있다는 것은 맥주 덕후들에게는 희소식이다. 크래프트 비어 시장이 커지면서 생활맥주와 같은 수제 맥주 프랜차이즈는 더 많이 생겨날 것으로 보인다. 바야흐로 맥주 전성시대다.

참고문헌

《그때, 맥주가 있었다》, 미카 리싸넨 유하 타흐바나이넨 , 니케북스, 2017

《맥주 상식사전》, 멜리사 콜, 길벗, 2017

《맥주의 모든 것》, 조슈아 M. 번스타인, 푸른숲, 2013

《사피엔스》, 유발 하라리, 김영사, 2015

《술의 세계사》, 패트릭 맥거번, 글항아리, 2016

《우리는 왜 위험한 것에 끌리는가》, 리처드 스티븐스, 한빛비즈, 2016

《유럽 맥주 견문록》, 이기중, 즐거운상상, 2009

《크래프트 비어 북》, 김선운, 숨, 2017

《Craft Brew》, 유안 퍼거슨, 북커스, 2018

《Craft Beer 펍 크롤》, 이기중, 즐거운상상, 2015

《프루프: 술의 과학》, 아담 로저스, MID, 2015

《A History of Beer and Brewing》, Hornsey, I.S., Royal Society of
　　　Chemistry, 2004

《A Short History of Drunkenness: How, Why, Where, and When
　　　Humankind Has Gotten Merry from the Stone Age to the Present》,
　　　Forsyth, M., Three Rivers Press, 2018

《Beer in the Middle Ages and Renaissance》, Unger, R.W., University of

Pennsylvania Press, 2004

《Burton-on-Trent: It's History, Its Waters and Its Breweries》, Molyneaux,
   W., The Classics.us, 2013

《Guinness: The Greatest Brewery on Earth: Its History, People, and
   Beer》, Corcoran, T., Skyhorse, 2013

《Home Brewing: A Complete Guide on How to Brew Beer》, Houston, J.,
   Pylon Publishing, 2013

《Liquid Bread: Beer and Brewing in Cross-Cultural Perspective》, McBeth,
   H., Berghahn Book, 2013

《The Brewer's Tale: A History of the World According to Beer》,
   Bostwick, W., W. W. Norton & Company, 2015

《The History of Worthies of England》, Fuller, T., Cambridge University
   Press: Reprint Edition, 2015

《The Barbarian's Beverage: A History of Beer in Ancient Europe》,
   Nelson, M., Routlege, 2005

"13,000-year-old brewery discovered in Israel, the oldest in the world,"
   The Times of Israel, 12 September 2018

"A Short History of Bottled Beer," Cornell, M., Zythophile.co.uk., 2010

"Brewing an Ancient Beer," Katz, S.H., and F. Maytag, Archaeology 44(4),
   1991

"Guinness Myths and Scandals," Cornell, M., Zythophile.co.uk., 2012

"How the India Pale Ale Got It's Name" Bostwick, W., Smithonian.com, 2015

"Microbe Profile: Saccharomyces eubayanus, the missing link to lager beer yeasts," Sampaio, J.P., Microbiology 164 (9), 2018

"More Frequently Repeated Beery History that Turns out to Be Totally Bogus," Cornell, M., Zythophile.co.uk., 2016

"The IPA Shipwreck and the Night of the Big Wind," Cornell, M., Zythophile.co.uk., 2015

"The Three Threads Mystery and the Birth of Porter," Cornell, M., Zythophile.co.uk., 2015

"You Won't Believe This One Weird Trick They Used to Fly Beer to the D-Day Troops in Normandy," Cornell, M., Zythophile.co.uk., 2014

⟨Marty Cornell's Zythophile⟩, http://zythophile.co.uk/

* '병맥주는 언제 시작됐나' '전쟁터에 피어난 맥주 사랑' '기네스 맥주와 이스라엘의 건국' 'IPA의 전설'은 마틴 코넬Martyn Cornell의 인터넷 페이지 'Zythophile'에 수록된 내용을 참고해 정리했다. 본문에 사용된 사진 가운데 일부는 마틴 코넬의 인터넷 페이지 'Zythophile'에 수록된 자료로 저작권 협의를 통해 허락받고 사용했으며, 일부는 호주 퀸즐랜드주 관광청에서 제공해준 이미지를 사용하기도 했다.

찾아보기

수제 맥주 바이블

2019년 7월 5일 1판 1쇄 인쇄
2019년 7월 5일 1판 1쇄 펴냄

지은이 전영우
펴낸이 김철종 박정욱
편집 정명효 김효진   **디자인** 최예슬   **마케팅** 손성문
인쇄 제작 정민문화사

펴낸곳 노란잠수함
출판등록 1983년 9월 30일 제1 - 128호
주소 03146 서울시 종로구 삼일대로 453(경운동) KAFFE빌딩 2층
전화번호 02)701 - 6911   **팩스번호** 02)701 - 4449
전자우편 haneon@haneon.com   **홈페이지** www.haneon.com

ISBN 978-89-5596-876-7 03590

이 도서의 국립중앙도서관 출판예정도서목록(CIP)은 서지정보유통지원시스템 홈페이지
(http://seoji.nl.go.kr)와 국가 자료공동목록시스템(http://www.nl.go.kr/kolisnet)에서
이용하실 수 있습니다.(CIP제어번호: CIP2019024067)